THÉORIE

DE LA

FORMATION DU GLOBE TERRESTRE

PENDANT LA PÉRIODE
QUI A PRÉCÉDÉ L'APPARITION DES ÊTRES VIVANTS

CONFÉRENCES

FAITES A LA FACULTÉ DES SCIENCES DE BORDEAUX

le 26 Février et le 19 Mars 1867

PAR A. BAUDRIMONT

Chevalier de l'Ordre de la Légion-d'Honneur,
Professeur de Chimie à la Faculté des Sciences de Bordeaux,
Professeur de Chimie agricole, etc.

BORDEAUX
IMPRIMERIE G. GOUNOUILHOU
11, RUE GUIRAUDE, 11

1867

THÉORIE

DE LA

FORMATION DU GLOBE TERRESTRE

PENDANT LA PÉRIODE QUI A PRÉCÉDÉ L'APPARITION

DES ÊTRES VIVANTS

THÉORIE

DE LA

FORMATION DU GLOBE TERRESTRE

PENDANT LA PÉRIODE
QUI A PRÉCÉDÉ L'APPARITION DES ÊTRES VIVANTS

CONFÉRENCES

FAITES A LA FACULTÉ DES SCIENCES DE BORDEAUX

le 26 Février et le 19 Mars 1867

PAR A. BAUDRIMONT

Chevalier de l'Ordre de la Légion-d'Honneur.
Professeur de Chimie à la Faculté des Sciences de Bordeaux,
Professeur de Chimie agricole, etc.

BORDEAUX
IMPRIMERIE G. GOUNOUILHOU
11, RUE GUIRAUDE, 11

1867

Une révolution considérable s'est accomplie dans les sciences physiques depuis un petit nombre d'années. Les grands phénomènes de la nature, la chaleur, la lumière, l'électricité, ne sont plus considérés comme des fluides, des corps impondérables, ou des agents ayant une existence problématique, mais bien comme de simples mouvements exécutés par les parties les plus élémentaires de la matière.

Les savants, cependant, ne sont point tous d'accord sur les parties auxquelles il faut attribuer le mouvement qui produit un phénomène déterminé.

La plupart des physiciens admettent l'existence d'un fluide formé de parties excessivement ténues, auquel ils ont donné le nom d'ÉTHER. Selon eux, ce seraient les mouvements des éléments de ce fluide qui produiraient tous les phénomènes observés et seraient même l'origine de toutes les forces physiques admises jusqu'à ce jour. D'autres savants, plus sévères dans l'appréciation des phénomènes et des causes dont ils dérivent, repoussent l'existence du fluide éthéré, et rapportent les mouvements qui produisent les actions phénoménales aux éléments matériels et pondérables des corps. D'autres, enfin, adoptent une opinion mixte : l'électricité et la lumière seraient dues au mouvement du fluide éthéré; la chaleur seule serait due au mouvement des molécules matérielles.

Depuis bien des années, j'avais conçu la théorie générale qui remplace tous les fluides par des mouvements exécutés par les éléments constitutifs des corps, et il me serait facile d'en donner la preuve par des extraits des publications que j'ai faites; mais je me bornerai à quelques citations.

Dès 1834, je publiais un traité élémentaire de minéralogie et de géologie, dans lequel une partie spéciale a été consacrée à la GÉOGÉNIE, ou à la formation du globe terrestre. Partant de la pensée que « la matière est formée de petites parties indivisibles que l'on nomme *atomes*, que ces atomes existent de toute éternité, qu'ils sont indestructibles, doués de mobilité, et qu'ils réagissent à distance les uns sur les autres selon certaines lois, » il m'a été possible de développer un système complet sur la formation de l'univers (1).

(1) *Traité élémentaire de Minéralogie et de Géologie*, par A. Baudrimont. In-8°, Paris et Amsterdam, p. 244.

Comme on le voit par ce court énoncé, j'admettais l'attractivité comme une propriété inhérente à la matière, sans en donner aucune espèce d'explication, et je persiste encore dans mon opinion. Aujourd'hui, on va plus loin : plusieurs savants admettent que l'attraction, ou les phénomènes que l'on explique par l'attraction, sont un résultat du mouvement. Telle est l'opinion émise par de Boucheporn (1), par M. Love (2), par le Dr J. Guyot (3), par le P. Secchi, directeur de l'observatoire du collége de Rome (4), et par M. Saigey, dans un opuscule paru depuis que j'ai fait les conférences, objet de la présente publication (5).

J'avoue que les travaux de ces savants n'ont

(1) *Du principe général de la philosophie naturelle,* par F. de Boucheporn. Grand in-8°, Paris, 1853.

(2) *Essai sur l'identité des agents qui produisent le son, la chaleur, la lumière, l'électricité, etc.,* par G.-H. Love. In-8°, Paris, 1861.

(3) *Éléments de Physique générale,* par J. Guyot, étudiant en Médecine. In-8°, Paris, 1832.

Coup d'œil synthétique sur les formes et sur les forces de la matière, par le Dr J. Guyot. (*Presse scientifique des deux mondes,* 16 juillet 1861.)

De l'électricité du mouvement moléculaire commun, par le Dr J. Guyot. (Même publication, 1er août 1861.)

(4) *L'unita delle forze fisiche saggio di philosophia naturale* del P. Angelo Secchi D. C. D. G. In-8°, Roma, 1864.

(5) *La Physique moderne. Essai sur l'unité des phénomènes naturels,* par Émile Saigey. Paris, in-12, 1867.

pas fait changer mon opinion sur cette matière. Partout je n'ai rencontré que des suppositions plus ou moins gratuites, là où il aurait fallu une démonstration rigoureuse.

Dans la seule intention de voir simplifier l'hypothèse qui donne naissance au système généralement adopté aujourd'hui, je serais très heureux de pouvoir accepter une opinion de cette nature; mais il faut reconnaître, ainsi que je viens de le dire, que ces savants n'ont point démontré rigoureusement que l'attraction fût due au mouvement, soit des parties qu'elle sollicite, soit de celles qui les environnent. Quant à moi, je l'accepte comme un fait, sans en chercher l'explication. Effectivement, comment admettre que l'attraction et la cohésion puissent être dues à la pression d'un fluide dans lequel les corps se mouvraient sans y rencontrer de résistance appréciable?

Pour porter la conviction dans les esprits, il eût fallu d'abord démontrer l'existence du fluide éthéré, et faire voir ensuite comment il intervient dans la production des phénomènes qui sont attribués à des forces attractives. On verra, en lisant cet opuscule, que je ne repousse pas l'existence d'un tel fluide, mais que je suis loin de lui attribuer toutes les propriétés et toutes les fonctions qu'on lui alloue si gratuitement.

L'invariabilité du poids d'une quantité de matière déterminée, dans telle combinaison qu'on la fasse entrer, la fixité relative des équivalents chimiques, ne permettent pas d'admettre que la pesanteur soit due à un mouvement des éléments matériels. Il n'en est point de même de la chaleur, de la lumière, de l'électricité et du magnétisme, qui peuvent affecter la matière en quantités très variables, et qui par cela même peuvent être attribués à du mouvement.

M. Séguin aîné, contrairement aux opinions émises précédemment, croit devoir faire dériver le mouvement de l'attraction. (*Cosmos*, t. XIII, p. 465.)

Les bases de la théorie du mouvement substituée à celles des fluides ont été discutées et posées dans le premier volume de mon *Traité de chimie*, publié en 1844. Cette théorie se trouve résumée sous le titre de THÉORIE GÉNÉRALE DE LA CONSTITUTION DES CORPS ET DE LA CHIMIE, p. 242, et exposée p. 283 et suivantes. Ce qui concerne l'électricité est discuté d'une manière toute spéciale, p. 252 et suivantes, sous le titre de NOUVELLE THÉORIE DE L'ÉLECTRICITÉ ET DES PHÉNOMÈNES ÉLECTRO-CHIMIQUES.

L'existence du fluide éthéré a été discutée et repoussée p. 245 à 247, et je persiste dans la même opinion. J'ai repris cette discussion dans les *Mémoires de la Société des Sciences physiques et naturelles de Bordeaux,* et j'y ai démontré géométriquement que la théorie des ondulations de la lumière, telle qu'elle est admise par les physiciens, EST IMPOSSIBLE, parce qu'un rayon lumineux ne peut rencontrer dans toutes les directions une file d'atomes disposée pour le recevoir, et que *ce que l'on attribue aux atomes du fluide éthéré doit être rapporté à la* RÉSULTANTE *des actions exercées par les parties élémentaires constitutives des corps.*

Il n'y a qu'un très petit nombre d'années, comme il est facile de l'apprécier par les citations précédentes, j'étais seul à soutenir une théorie qu'aucun physicien n'éprouvait la nécessité d'adopter; mais la détermination de l'équivalent mécanique de la chaleur, ou, en d'autres termes, la transformation de la chaleur en action mécanique et son évaluation, a porté la conviction dans tous les esprits, au moins pour ce qui concerne ce dernier agent. Il est devenu évident pour tout le monde que la chaleur est bien due au mouvement des corpuscules qui constituent les corps; et, de plus, la transformation les uns dans les autres des actes phénoménaux de la matière, démontrée d'une manière si générale et si évidente par M. Grove (1), n'a permis d'y voir qu'une

(1) *Corrélation des forces physiques,* par W. R. Grove, Esq. Q. C. Ouvrage traduit en français, par l'abbé Moigno. In-8°, Paris, 1856.

transformation de mouvement, et, par suite, que tous les phénomènes physiques sont dus à du mouvement.

Dans l'état actuel de la théorie de l'unité des forces ou des phénomènes physiques, j'ai cru devoir en faire une application aussi vaste et aussi complète que possible, afin de la juger dans toutes les conditions où elle peut intervenir. J'ai pensé que rien ne serait plus convenable pour atteindre ce but, que de l'appliquer à la GÉOGÉNIE ou à la formation du globe terrestre: travail de synthèse qui n'est pas sans présenter de grandes difficultés, car l'origine du monde comprend non seulement la formation du globe. mais l'étude de tous les phénomènes qui se sont accomplis pendant cette période, et il faut, pour l'exécuter, faire concourir la physique, la chimie, la minéralogie, dans ce qu'elles ont de plus profond et de plus intime.

Les corps en se formant ont passé par une suite d'assemblages et d'états divers qui ont donné naissance à des phénomènes tout à fait spéciaux; l'histoire de la formation du globe terrestre doit être aussi celle des actions que les éléments primitifs ont exercé les uns sur les autres et des phénomènes dont ils ont été l'origine.

Je me suis arrêté à l'apparition des êtres vivants; non que je craigne d'aborder un tel sujet, mais uniquement parce qu'il dépassait les bornes des sciences physiques proprement dites, bornes dans lesquelles je désirais me renfermer. Mais je puis dire ici mon opinion : *je suis convaincu que tout ce qui se rattache aux êtres organiques et à la vie était en principe dans les premiers éléments constitutifs des corps;* sans cela, ces êtres n'auraient jamais pu naître ou se former.

Il y a moins d'un quart de siècle que des recherches de cet ordre auraient pu paraître plus que téméraires. Aujourd'hui elles ont reçu l'appui de l'observation et de l'expérience, et les plus illustres savants de notre époque ont participé à leur développement. Ce n'est donc pas seulement un ensemble d'idées plus ou moins probables que je soumets à l'appréciation du public, mais aussi le résumé des observations les plus récentes qui ont été faites dans les sciences cosmologiques par les savants qui se sont engagés dans la nouvelle voie du progrès qui s'ouvrait devant eux.

GÉOGÉNIE

DANS

LA PÉRIODE ANTÉZOÏQUE

OU

THÉORIE DE LA FORMATION DU GLOBE TERRESTRE

pendant la période
qui a précédé l'apparition des êtres vivants

INTRODUCTION.

Les conférences récemment instituées ont pour but principal de répandre les notions scientifiques et de les populariser.

Traitant un sujet défini et nettement circonscrit, il est souvent possible de l'exposer devant un public qui n'a fait aucune étude antérieure pour s'y préparer. Mais il peut aussi arriver que le sujet exige la connaissance préalable de notions élémentaires qui lui serve d'introduction. Dans les lieux où il existe des Facultés des Sciences, ce dernier but peut être atteint facilement, et les conférences deviennent alors le complément de l'enseignement normal.

Le sujet que je me propose de traiter devant vous se rattache à ce dernier ordre de conférences. Cependant, je m'efforcerai de le rendre intelligible pour tous, en exposant d'abord l'état de la science et en reproduisant les expériences fondamentales qui sont indispensables à l'application de la théorie générale.

L'étude des sciences naturelles nous présente deux points de vue essentiellement distincts : ou il s'agit d'êtres, de faits, de phénomènes ou d'actes qui se présentent à notre observation directe, ou de spéculations sur la nature, l'origine ou la cause des êtres ou des faits observés.

La première partie, lorsqu'elle a été vérifiée par plusieurs méthodes, ne peut laisser aucun doute sur sa réalité. Il n'en est point de même de la seconde, qui ne repose souvent que sur des hypothèses plus ou moins fondées, plus ou moins douteuses.

Il y a donc dans les sciences naturelles une partie POSITIVE, établie sur l'observation directe des faits, et une partie SPÉCULATIVE, qui dépasse le champ de l'observation directe, et qui ne repose que sur des hypothèses.

Dans sa *Philosophie des Sciences*, Ampère a désigné la première partie sous le nom d'AUTOPTIQUE, ou ce que l'on voit par soi-même, et la seconde par celui de CRYPTOLOGIQUE, qui veut dire cachée.

La philosophie positive proprement dite repousse entièrement cette deuxième partie comme dénuée d'évidence, et, par suite, comme nulle et indigne d'occuper un homme sérieux. Cependant, il ne peut être indifférent de rechercher l'origine du globe terrestre et d'essayer de se rendre compte de sa formation. On ne peut demeurer spectateur de tant de faits remarquables sans en rechercher l'interprétation. Si l'on étudie les strates qui entrent dans sa constitution, on ne peut se refuser d'admettre qu'elles ont été généralement produites par des dépôts formés successivement au sein des eaux, et que les couches sous-jacentes sont plus anciennes que celles qui les recouvrent, à moins que l'on n'ait la preuve qu'elles ont été renversées. Si l'on rencontre un fossile, on ne peut non plus se contenter d'en signaler l'existence; il est impossible de se refuser à reconnaître qu'il a pour origine un être vivant. De proche en proche, et par le concours d'une foule d'observations et de connaissances acquises, ne peut-on aller plus loin et se former une idée de la formation de l'ensemble des parties qui constituent le globe terrestre, et remonter ainsi jusqu'à son origine la plus reculée?

Évidemment, dans une recherche aussi considérable, aussi compliquée et aussi difficile, il pourra être commis beaucoup d'erreurs; aussi conviendra-t-il souvent de discuter les faits et de les présenter tels qu'ils sont, sans rien conclure quant à présent, laissant à ceux qui nous succéderont d'achever l'édifice qui n'aura été qu'ébauché. Si nous pouvons nous tromper, nous avons au moins la consolation de pouvoir admettre que rien ne démontre que la connaissance de la vérité soit refusée à l'homme, et qu'il ne pourra jamais la connaître. Parmi les théories qui se produisent, il pourra donc s'en présenter une qui aura pour elle le caractère de la vérité.

Le plus grand danger que l'on puisse courir dans une

recherche de cette nature est de vouloir qu'une cause d'un ordre unique ait présidé à la formation du globe. Généralement, ces opinions trop exclusives amènent des discussions et des réactions qui font que l'on va beaucoup trop loin, de part et d'autre, et que l'on délaisse la vérité. C'est ce qui est arrivé aux savants qui ont voulu que la terre ait été formée exclusivement par le feu ou par l'eau. Ce qu'il y a de plus probable, c'est que ces deux causes sont intervenues dans sa formation.

Désirant rechercher avec les connaissances acquises et les lumières de la raison humaine l'origine et la formation du globe terrestre, cette origine et cette formation se rattachant à tout ce qui existe autour de nous, matière, phénomènes, forces, il faudra que l'hypothèse soit assez large et assez puissante pour tout faire dériver d'une source commune : ce qui appartient à la géologie, comme ce qui appartient à la physique; ce qui est du domaine de cette dernière science, comme ce qui constitue la chimie et même la vie; *car le principe de toutes choses devait exister à l'origine du monde.* C'est là qu'est la difficulté, et c'est le concours de toutes ces sciences qui permettra de juger si la théorie est en harmonie avec les faits observés.

Les faits se révèlent à nous par l'observation directe : un premier fait conduit à un second, et ils se succèdent ainsi. C'est par une méthode analytique qu'on les connaît, qu'on les découvre. C'est par cette méthode, employée avec persévérance, que l'on peut constituer la science d'une manière positive, inattaquable et impérissable.

La méthode inverse, la méthode synthétique, celle qui

convient spécialement au sujet de cette conférence, ne part trop souvent que d'éléments incertains, et ne peut offrir les mêmes garanties que la méthode analytique. Cependant, elle offre des avantages considérables; elle permet de juger une foule d'idées souvent préconçues, de les estimer à leur juste valeur; elle en fait naître de nouvelles qui permettent de rectifier nos connaissances, et qui sont quelquefois d'une fécondité étonnante. J'en puis donner pour exemple la théorie qui suppose l'existence d'un fluide éthéré; théorie qui a été l'origine des plus brillants travaux de l'optique.

Si la partie *autoptique* des sciences naturelles, si *la philosophie positive pure,* ont pour nous une valeur incomparable, nous ne sommes pas moins obligés de reconnaître que la partie *spéculative ou cryptologique* de ces sciences est remplie d'attraits; que c'est elle qui excite l'homme à travailler, et le soutient dans les recherches où souvent il sacrifie son temps, sa fortune et sa vie.

PARTIE POSITIVE.

LE CIEL ET LA TERRE.

LE CIEL.

Avant de pénétrer dans le domaine de la spéculation, il importe de vous présenter d'une manière aussi concise que possible les notions positives que nous possédons sur le globe terrestre et sur les astres qui l'environnent.

Lorsque, pendant le jour, nous portons nos regards vers le ciel, si la vue n'est point interceptée par des nuages, nous pouvons voir le soleil, quelquefois la lune et, pendant la nuit, nous apercevons le magnifique spectacle présenté par les étoiles. Par un examen plusieurs fois répété, nous voyons que presque toutes ces étoiles gardent entre elles leur distance angulaire apparente; mais qu'il en est quelques-unes qui se déplacent et se meuvent d'occident en orient. Ces dernières sont les *planètes*. Les astronomes ont reconnu qu'elles décrivent dans l'espace une courbe elliptique, fort rapprochée d'un cercle; courbe qui a deux centres que l'on nomme foyers, dont l'un d'eux est occupé par le soleil.

La terre, par sa situation dans l'espace et par les mouvements dont elle est douée, vient se placer parmi ces astres. Ils n'ont point de lumière propre, et celle dont ils jouissent leur vient du soleil, ainsi que cela a lieu pour la terre que nous habitons.

On remarque des astres plus petits que les planètes, qui leur sont subordonnés, et qui tournent autour d'elles, comme celles-ci tournent autour du soleil : ce sont les *satellites*. La lune est le satellite de la terre. Neptune, cette dernière planète de notre système, découverte d'une manière si remarquable par M. Le Verrier, n'a qu'un satellite comme la terre; Jupiter et Uranus en ont chacun quatre. Saturne en a huit. Les autres planètes n'en ont pas. Ce ne sont point là les seules singularités que présentent les planètes : on remarque autour de Saturne trois anneaux concentriques et très brillants sur lesquels on n'a encore que des renseignements fort incomplets

Par un examen plus attentif, nous apercevons dans le ciel une grande bande blanche, irrégulière, qui porte le nom de *voie lactée,* à cause de son apparence laiteuse.

Pendant un grand nombre de siècles, des savants et des astronomes ont pensé que les cieux étaient solides, et que tous les astres lumineux s'y trouvaient pour ainsi dire attachés. De là, les noms de *firmament,* qui exprime sans doute l'idée d'un esprit solidifié *(firma mens),* de voûte céleste, de voûte azurée [1]; mais le télescope a détruit à jamais cette erreur. En donnant à notre vue une puissance inconnue avant que cet instrument fût réalisé; en permettant à nos regards de pénétrer plus avant dans le ciel, de découvrir une foule d'étoiles invisibles sans son intervention, d'analyser des amas informes pour la vue simple; en permettant même de mesurer la distance de quelques étoiles, il nous a démontré que nous avons autour de nous un espace immense, sans limites, et qu'au delà des astres que nous apercevons, il y en a d'autres encore. Notre esprit, qui a de la peine à concevoir l'infini, ne peut cependant pas comprendre non plus qu'il y ait une limite à l'espace.....

[1] Le nom du ciel nous vient directement du latin; cependant il paraît être un mot hybride formé de la particule latine *cum,* qui signifie une réunion, un assemblage, et du mot grec Ἕλιος, qui est le nom du soleil, mais qui a pu être celui d'un astre brillant quelconque. Cette origine nous est révélée par l'orthographe du mot latin que l'on écrit *cœlum,* où nous trouvons *co* et *el,* qui justifient ce qui vient d'être avancé. *Ciel* veut donc dire *assemblage de soleils ou réunion d'astres lumineux.*

C'est dans cet espace immense que la terre se meut et accomplit sa destinée.

La distance des étoiles à la terre est si considérable que nous avons peine à nous le figurer, faute d'avoir un terme de comparaison.

La terre, en faisant sa révolution annuelle autour du soleil, peut, à six mois de distance, occuper deux positions diamétralement opposées, qui sont à environ 74 millions de lieues l'une de l'autre. Si à cette distance, déjà immense, on prend la position d'une étoile fixe, on ne peut apercevoir une différence égale à un arc de cercle d'une seconde. En renversant le moyen d'observation, c'est à dire si l'on suppose un observateur placé sur une étoile fixe et regardant la terre dans les deux positions extrêmes qu'elle occupe, le diamètre de son orbite, qui est de 74 millions de lieues, ne représenterait pas un arc d'une seconde. Or, si l'on considère que la circonférence du cercle comprend 1,296,000 secondes, il en résulte que la distance à laquelle se trouvent les étoiles de la terre est au delà du rayon d'un cercle dont la circonférence est le produit de 74 millions de lieues par celui des secondes qui vient d'être indiqué. Les millions multipliés par des millions donnant des trillions, on s'aperçoit bientôt que la distance des étoiles dépasse tout ce que notre imagination aurait pu supposer (1).

M. Faye, dans ses leçons de cosmographie, fait remar-

(1) Cette distance limite est de 95 trillions 904 milliards de lieues.

quer que la lumière, qui parcourt 308,000 kilomètres par seconde de temps, met plus de trois ans et un quart pour venir à nous de l'étoile la plus voisine.

La parallaxe de l'étoile *la Chèvre* étant faible, mais connue, on en conclut que la lumière qu'elle nous envoie met soixante-cinq ans pour arriver jusqu'à nous : si cette étoile disparaissait ou si elle cessait d'être lumineuse, ce ne serait que soixante-cinq ans après que nous pourrions nous en apercevoir.

Le télescope permet encore de reconnaître des *étoiles doubles*.

Deux étoiles pourraient nous paraître très rapprochées, quoiqu'elles fussent à une très grande distance l'une de l'autre, parce qu'elles seraient situées sur deux rayons visuels formant entre eux un angle excessivement minime. Dans ce cas, leur action mutuelle est insensible ou nulle; mais lorsqu'elles sont réellement rapprochées, on voit qu'elles se meuvent autour de leur centre commun de gravité, exactement comme la terre tourne autour du soleil. *Il y a donc dans l'espace des systèmes stellaires comparables au système solaire dont la terre fait partie, et l'action de la gravitation universelle s'étend partout.*

Des étoiles, diffuses à la vue simple ou que l'on n'aperçoit même pas, peuvent devenir visibles par l'emploi du télescope. Avec un de ces instruments d'un faible pouvoir amplifiant, elles n'ont l'apparence que d'une simple nébulosité; avec un télescope d'une puissance plus considérable, elles se résolvent quelquefois en un amas d'étoiles; d'autres fois, elles conservent leur aspect nébuleux, laissant voir des points brillants dans leur étendue; d'autres fois enfin, elles demeurent entièrement nébuleuses, quel que soit le pouvoir amplifiant du télescope.

On a donc admis des *nébuleuses résolubles* et des *nébuleuses non résolubles*. Les perfectionnements apportés aux télescopes ayant fait voir que des nébuleuses, que l'on considérait comme non résolubles, pouvaient cependant apparaître comme des faisceaux de points lumineux, on a été conduit à penser que toutes les nébuleuses seraient résolubles si l'on avait des instruments assez puissants pour les observer. Cette opinion n'est plus admissible depuis que l'analyse spectroscopique a démontré qu'il y avait des nébuleuses entièrement gazeuses, comme je le dirai bientôt.

Ces astres ont conservé le nom de *nébuleuses*, à quelque classe qu'ils appartiennent.

La forme des nébuleuses est très variable : quelquefois, elle est définissable; d'autres fois, elle ne l'est point.

Formes des principales nébuleuses.

Considérées au point de vue de la disposition de leurs parties ou de leur forme, elles peuvent être rapportées au moins à sept groupes différents, qui sont les suivants :

I. Nébuleuses informes, — comme celles qui, en général, constituent la voie lactée. Elles ont l'apparence d'une matière éparse, comme une nue, sans qu'aucune loi paraisse présider à la disposition relative de leurs parties. La nébuleuse d'Andromède, celle d'Orion, et celle nommée *Dumbell* ou le *battant de cloche*, sont dans ce cas.

Si l'on cherche à se rendre compte de l'existence de ces astres singuliers, on est conduit à penser qu'ils sont formés des centres multiples et diffus qui se trouvent agglomérés.

Ces astres représentent la matière à son premier degré de formation et d'organisation.

II. Nébuleuses en spirales. — Telles sont celles du Lion, du Chien de Chasse, de Bérénice et du Triangle. Ces nébuleuses paraissent formées d'un centre d'attraction autour duquel se meuvent plusieurs anneaux de matière moins dense, qui semblent entraînés par une attraction puissante vers le centre qu'ils doivent alimenter, et prennent la forme d'une spirale. Ces anneaux doivent décrire des courbes assez compliquées, quoique simples en apparence, puisque, indépendamment de l'action centrale, elles sont aussi soumises à une action réciproque.

Laplace considérait les comètes comme des nébuleuses errantes. Il s'est exprimé ainsi : « Si quelques comètes » ont pénétré dans les atmosphères du soleil et des pla- » nètes au temps de leur formation, elles ont dû, en » décrivant des spirales, tomber sur ces corps, et, par » leur chute, écarter les plans des orbes et des équateurs » des planètes du plan de l'équateur solaire (1). »

(1) *Exposition du système du monde*, in-4°, 1824, p. 415.

III. Nébuleuses coniques. — La houppe de la Licorne présente cette forme singulière d'un cône assez obtus, au sommet duquel existe un astre plus dense et plus lumineux que les autres parties. Cette nébuleuse ressemble bien plus à une comète qu'à un astre fixe. Elle paraît avoir été formée par un astre qui aurait rencontré une nébuleuse sphéroïdale. Cette nébuleuse aurait été traversée par cet astre, qui l'entraînerait pour ainsi dire à la remorque, ou plutôt encore, le point culminant serait comparable à une étoile fixe qui aurait été rencontrée par une comète vaporeuse, et qui l'aurait arrêtée en la retenant après elle.

IV. Nébuleuses en amas plus ou moins sphéroïdaux. — Ces nébuleuses, comme celle du Centaure, sont évidemment des masses vaporeuses qui représentent des astres en voie de formation. La matière qui les forme est plus condensée vers leur centre. M. Huggins a reconnu, par l'analyse spectrale, que de ce centre émane une lumière analogue à celle donnée par les corps solides ou liquides, tandis que l'extérieur doit être aériforme.

V. Nébuleuse annulaire. — La nébuleuse de la *Lyre* présente la forme remarquable d'un anneau elliptique. On peut se demander comment cette forme peut exister, et quelles en sont les causes et l'origine. Cette forme serait possible, si un anneau de matière en mouvement était soumis à l'attraction d'un centre; mais ce centre, on ne le voit pas. A peine aperçoit-on deux traînées blanchâtres qui traversent cet anneau. Convaincu que la matière est la même dans tous les points de l'univers, que partout elle est soumise aux lois de Newton et de Képler, nous sommes porté à penser que l'anneau de la *Lyre* se meut autour d'un centre obscur, d'un astre épuisé qui a subi les divers degrés des réactions chimiques et qui a cessé d'être lumineux.

Il faut cependant reconnaître que cet astre présente une singularité bien remarquable, et qui semblerait s'opposer à l'adoption de l'hypothèse qui vient d'être faite, mais qui cependant ne fait qu'y apporter une complication. La lumière qui l'entoure est radiée, et si elle est ainsi constituée, le mouvement ne peut pas être aussi simple qu'il a d'abord été supposé. Cette forme, en restant toujours dans la pensée de l'universalité de l'attraction, pourrait être due à un anneau simple formé de matière peu adhérente, quel que soit son degré de *formation*, autour duquel circuleraient des astéroïdes formant des petits anneaux perpendiculaires au plan de ce dernier, et possédant eux-mêmes un mouvement curviligne. Ce mouvement pourrait être en spirale si les anneaux étaient entraînés dans une direction donnée. L'anneau principal serait alors formé de petits astres décrivant une ligne hélicoïdale dont on peut se faire une idée en la comparant à un anneau formé par un morceau du fil métallique qui porte le nom d'*élastique*.

VI. Nébuleuses fusiformes. — Ces nébuleuses sont éminemment remarquables. On peut citer comme exemples celles des constellations d'*Andromède* et du *Dragon*. Elles ont l'apparence d'un fuseau allongé, et rappellent jusqu'à un certain point la forme de la planète Saturne vue sous un certain aspect. Aussi est-on porté à penser qu'elles sont formées d'une matière disposée en anneau circulaire ou elliptique, et que nous n'en voyons qu'une projection oblique; ce qui assimilerait ces nébuleuses à la précédente. Quoique rien jusqu'à présent n'ait démontré la mobilité des anneaux de Saturne, on est cependant en droit de supposer qu'ils se meuvent autour du centre de gravité de cet astre, et que finalement il doit en être de même de la matière des nébuleuses fusiformes. Cependant, ces nébuleuses présentent un cas singulier et fort remarquable : leur centre est obscur, et s'il n'y a point un corps central autour duquel gravite toute la matière de ces astres, il faut renoncer à cette théorie. Or, il se peut qu'il y ait un centre réellement obscur, un noyau ayant accompli la somme de ses réactions chimiques, refroidi, ayant cessé d'être lumineux, mais cependant actif et possédant la force attractive. Il se peut encore que la lumière centrale soit complètement absorbée par l'atmosphère qui enveloppe l'astre. Ce qui porterait à penser que la partie solide et la partie gazeuse seraient de même nature. MM. Kirchoff et Bunsen n'ont-ils pas démontré que la lumière émanant du sodium est absorbée par la vapeur de ce corps?

VII. Nébuleuses a deux centres. — On trouve dans la constellation de la grande ourse une nébuleuse qui présente une forme singulière. Elle a deux centres géométriques. Ce qui vient d'être dit porte à penser que ces deux centres sont occupés par des masses matérielles qui échappent à l'action du télescope.

Il résulte de l'immense variété des formes présentées par les nébuleuses qu'elles paraissent ne pouvoir être ramenées aux lois générales de la nature; que ce sont des protées aux formes infinies qui semblent créés pour mettre la sagacité de l'homme en défaut. Cependant, on a vu qu'en leur appliquant l'INHÉRENCE DU MOUVEMENT ET DE L'ATTRACTION UNIVERSELLE A LA MATIÈRE, on peut jusqu'à un certain point se rendre compte de ces formes, si bizarres qu'elles soient. *Au point de vue spéculatif, nous devons y voir des astres en voie de formation, et ce qu'ils nous présentent peut singulièrement nous éclairer pour rechercher l'histoire des temps primitifs du globe terrestre.*

Depuis un petit nombre d'années, l'étude des corps célestes a reçu un secours inespéré. Au lieu de se borner à l'étude de leur forme, de leur couleur, de leur densité, quand ils font partie de notre système et de quelques autres propriétés appartenant à l'ordre physique, on a eu des renseignements sur leur composition chimique.

Sans avoir la prétention d'avoir participé en rien aux brillantes découvertes qui se rattachent à ce nouvel ordre de recherches, je puis vous rappeler cependant qu'il y a assez longtemps que j'ai annoncé dans mes leçons qu'en étudiant la lumière émise par les astres, et notamment par le soleil, on pourrait avoir des renseignements sur leur composition chimique et des résultats aussi certains que s'ils étaient obtenus par une analyse exécutée dans un laboratoire. Je me fondais alors sur la pensée bien arrêtée que la couleur de l'étincelle électrique dépendait des métaux dont elle émanait. Ce seul fait me donnait la certitude que les corps devaient avoir une lumière propre. Je fus confirmé dans cette opinion par les expériences de Robiquet fils.

Aujourd'hui, les travaux de ce jeune savant, enlevé trop tôt à la science qu'il cultivait avec succès, sont oubliés; on n'en parle plus, et cependant il est un de ceux qui ont mis sur la voie des brillantes découvertes de Kirchoff et de Bunsen, dont les noms ne peuvent être ignorés de personne.

La lumière varie selon les sources matérielles dont elle émane. C'est ce qui permet de faire des feux d'artifice de diverses couleurs : le sodium donne du jaune, le strontium du rouge, le zinc et le magnésium un blanc éblouissant..... Lorsqu'à l'aide d'un prisme on examine les couleurs ainsi produites, elles subissent une espèce d'analyse en le traversant, et les couleurs élémentaires qui composent la couleur presque toujours composée que nous voyons se séparent et se classent selon l'ordre de celles du *spectre* donné par le soleil. Ces couleurs sont souvent formées de bandes lumineuses, telles que vous les voyez représentées sur ce tableau.

On a remarqué que les substances lumineuses observées à l'état de fluide élastique donnent des spectres peu intenses, et formés d'un très petit nombre de bandes colorées. Tel est, en particulier, le cas de l'hydrogène et de l'azote; mais tel est aussi celui des substances sensiblement volatiles que l'on introduit dans la flamme de la lampe à courant-d'air de Bunsen, telles que les chlorures en général.

Les gaz et les vapeurs, en brûlant, donnent des lumières faibles, quelquefois colorées. Voilà l'hydrogène qui brûle avec une flamme très peu apparente bleue et jaunâtre, l'oxyde de carbone brûle avec une flamme bleue, le cyanogène avec une flamme violette, et la vapeur du soufre, brûlant même dans l'oxygène, est aussi très peu éclairante, quoique provenant d'un corps solide, parce que le produit de sa combustion est de l'acide sulfureux, qui est gazeux.

Les substances solides, ou plutôt celles dont le produit de la combustion est solide, au contraire, donnent des spectres plus brillants dont les bandes sont plus nombreuses et se rapprochent davantage de celui donné par la lumière solaire. Tel est, en particulier, le spectre donné par le magnésium, qui peut produire des images photographiques; ce qui a permis de photographier l'intérieur des égoûts et des catacombes de Paris.

Voici le fer et le magnésium qui brûlent dans l'oxygène, et vous voyez que ce dernier métal donne une lumière si intense, que nous sommes obligés de détourner les yeux.

M. Huggins a récemment appliqué ce mode d'examen, ou la spectroscopie, à l'étude de la nature des nébuleuses, et sur 60 de ces astres qui ont été observés, 20 ont paru être entièrement formés par des gaz dans lesquels on a pu reconnaître des raies appartenant à l'hydrogène et à l'azote, et 40 qui contenaient des éléments solides reconnaissables au spectre continu qu'elles ont donné.

On peut aussi tirer des renseignements utiles de l'examen des comètes. Ces astres errants, qui, le plus souvent, passent près de nous pour ne revenir jamais, présentent des aspects très variables. En général, ils sont formés d'un noyau, d'une chevelure à laquelle ils doivent leur nom qui vient du grec, et d'une queue. Cette dernière est toujours en opposition avec le soleil, c'est à dire que le noyau cométaire est toujours interposé entre cet astre et sa propre queue.

Depuis un petit nombre d'années, nous avons pu observer deux magnifiques comètes : celles de 1858 et de 1862. La première, ou la comète de Donati, avait un noyau assez distinct et une queue qui paraissait formée de deux ellipses très allongées, déformées, courbes, diffuses à leur extrémité libre, et dont le noyau paraissait occuper un des foyers.

Le mouvement des comètes ou la courbe qu'elles tracent dans l'espace étant bien étudié par les astronomes, cette courbe dépendant de leur mouvement propre et de l'action que le soleil exerce sur elles, il en résulte qu'elles sont formées de matière pondérable comme les autres astres, et la forme de la queue de la comète de Donati m'a porté à penser et à émettre l'opinion que la matière qui la formait circulait autour du noyau en suivant les lois de Képler.

Si ces deux magnifiques comètes paraissaient aujourd'hui, on aurait des renseignements précis sur leur composition chimique, par suite de l'application de l'analyse spectrale dont je viens de vous entretenir.

On sait seulement que la lumière des noyaux des comètes est une lumière propre, c'est à dire qu'elle en émane; mais que la lumière de leur queue paraît être de la lumière réfléchie et provenant par conséquent du soleil. Renseignement qui est en rapport parfait avec les notions qui nous indiquent que la lumière propre, lorsqu'elle est intense, émane de corps solides en ignition, et qui indiquent que le noyau doit être un centre d'attraction. Cependant, la lumière de la queue pourrait bien être une lumière beaucoup plus faible, émanant des corpuscules propres qui constituent la queue, et analogue à celle donnée par les tubes de Geisler soumis à un courant électrique.

Le 5 octobre 1858, nous avons vu la comète de Donati passer entre nous et la belle étoile du *bouvier,* qui porte aussi le nom d'*arcturus* (queue de l'ours, en grec), et l'intensité de la lumière émanant de cette étoile n'a paru être nullement diminuée par son passage au travers de la matière cométaire.

On conclut d'observations de cet ordre que la masse des comètes est excessivement faible, et que, par conséquent, leur choc ne pourrait exercer une action bien appréciable sur le globe terrestre si elles venaient à le rencontrer.

Les géologues qui ont émis la pensée que la vaste plaine où se trouve la mer Caspienne a pu être produite par la rencontre d'une comète, sont donc dans l'erreur. Il en est de même du très honorable et très regrettable M. de Boucheporn, dont nous déplorons tous la perte, qui admettait que les différents systèmes des montagnes terrestres avaient dû être produits par les chocs successifs d'un assez grand nombre de comètes; et finalement la théorie de Buffon, qui admet que les planètes ont été arrachées de la masse du soleil par la rencontre d'une comète, n'a pas plus de vraisemblance.

Cependant, je ne puis m'empêcher de vous faire remarquer que s'il y a dans l'espace des nébuleuses à divers degrés de formation bien reconnues aujourd'hui, rien ne s'oppose non plus à ce qu'il y ait des astres errants de diverses natures : les essaims d'astéroïdes, les aérolithes, étant formés de matière très dense et très dure, ne se pourrait-il point qu'il y eût dans l'espace des globes obscurs ou refroidis depuis longtemps dont la densité serait assez considérable, et qui pourraient exercer des ravages terribles sur les corps de notre système?..... Un de ces astres hypothétiques, mais éminemment probables, en passant près de la terre, pourrait la déranger de son orbite, et s'il ne nous entraînait avec lui dans l'espace, il troublerait au moins si considérablement l'ordre des jours et des saisons, que nous devrions tous périr.

N'a-t-on point vu sur une plus petite échelle des aérolithes causer des incendies, et ne pourraient-elles tuer des individus?

On frémit quand on pense à toutes les causes qui menacent l'existence de l'homme, et qui mettent en péril les belles inventions qu'il a su accumuler dans le cours des siècles : l'écriture, l'imprimerie, la navigation, la poudre, la vapeur, l'électricité, les chemins de fer, la télégraphie électrique, la galvanoplastie, la photographie.

Plein de confiance dans la méthode expérimentale mise en pratique sous les inspirations d'une saine philosophie qui regarde comme certain tout ce qu'elle a permis de démontrer, et comme douteux ce qui n'en a pas reçu la sanction, nous y trouvons l'origine de connaissances que l'on ne pouvait espérer il y a moins de deux siècles. Il y a une vingtaine d'années que j'entendais un illustre savant, qui a fait faire d'immenses progrès à la science, et notamment à la chimie organique, M. Chevreul, me dire qu'il avait tant de foi dans l'expérience, qu'il était même convaincu qu'elle pouvait faire faire des progrès à l'astronomie. Une telle assertion pourrait paraître bizarre ou tout au moins hasardée; cependant, depuis cette époque, on connait le pendule de M. Foucault, qui a démontré expérimentalement le mouvement de rotation de la terre, et la spectroscopie, qui, comme vous venez de me l'entendre dire, nous a donné des renseignements sur la composition chimique des astres.

Il est encore une classe de corps qui mérite d'attirer notre attention, je veux parler des aérolithes, de ces pierres errantes que l'on dit tombées du ciel. Chacun de vous en a entendu parler. Ces pierres ont été soumises à l'analyse chimique, et l'on n'y a trouvé d'autres éléments que ceux qui entrent dans la constitution de la croûte solide du globe terrestre. Le fer, le nickel, le silicium y dominent. On y a même trouvé du carbone : un carbone noirâtre, *charbonneux*. J'ose à peine prononcer ce dernier mot, car le charbon est le produit d'une matière organique décomposée par la chaleur, et si ce carbone était du véritable charbon, ce qu'un examen plus approfondi pourra nous apprendre, il en résulterait que ces espèces d'aérolithes proviendraient d'un astre sur lequel la vie serait apparue, et qui aurait été rompu par une catastrophe sur laquelle nous n'avons aucun renseignement, aucune notion que celle qui dérive de la présence de ce charbon, qui nous révèle toute une suite de faits dont on oserait à peine soupçonner l'existence.

Admettons plutôt, jusqu'à ce qu'un nouvel examen nous permette d'arrêter nos idées, que c'est du carbone primitif qui, en brûlant dans l'oxygène, donne l'acide carbonique qui doit précéder l'apparition des êtres vivants, comme fournissant le carbone indispensable à leur formation.

Généralement, lorsque les aérolithes pénètrent dans l'atmosphère terrestre, elles en absorbent l'oxygène avec violence; leur température s'élève, et elles entrent en ignition. On a vu souvent de ces météores tracer une ligne de feu dans le ciel, faire entendre une détonation, et se réduire en éclats que l'on a pu retrouver.

Les étoiles filantes, qui apparaissent périodiquement en si grande quantité, sont probablement des aérolithes qui s'embrasent en pénétrant dans l'atmosphère terrestre. Leur apparition périodique démontre qu'elles sont formées de parties se rattachant à une masse fort étendue.

On a donné le nom d'*essaim* à ces masses formées par des astéroïdes.

Un grand nombre d'hypothèses ont été émises par

divers savants sur la position et la durée de la révolution de ces essaims autour du soleil. Personne n'a approfondi cette matière autant que M. Schiaparelli et M. Le Verrier.

Le premier de ces savants, par une analyse simple et en même temps profonde, a démontré que les *essaims* étaient des espèces de nébuleuses qui, par suite de la faiblesse de l'action réciproque de leurs parties, et par l'accélération que celles qui se trouvent en avant reçoivent du soleil, finissent par produire une masse allongée formant une espèce de chaîne qui peut être traversée par la terre dans un espace de temps fort court.

Il est probable, malgré l'opinion émise par plusieurs savants, que la partie antérieure de cette chaîne, après avoir parcouru la courbe du périhélie, doit éprouver du retard, tandis que les éléments de sa partie postérieure toujours animés d'un mouvement accéléré, doivent s'en rapprocher, et que la masse de l'essaim reprend à peu près sa forme primitive.

M. Le Verrier va plus loin que M. Schiaparelli et précise davantage. L'an 126 de notre ère, selon cet illustre savant, la nébuleuse, ou l'essaim qui produit les étoiles filantes du mois de novembre, aurait été dérangée de sa route par l'influence de la planète Uranus, qui lui aurait fait décrire une ellipse très allongée, et l'aurait amenée dans la sphère d'attraction de la terre. Le grand axe de cette ellipse serait égal à 70 diamètres de l'orbite terrestre, l'essaim la parcourrait en 33 ans et 1/4, et la longueur de cet essaim serait assez grande, ou formerait un ruban assez allongé, pour que la durée de son passage au périhélie, ou dans la situation la plus rapprochée du soleil, fût de plus d'une année.

Ainsi que nous le voyons par ce court résumé, la matière est répandue partout dans l'espace, et ces pierres tombées du ciel viennent nous donner la preuve irréfragable que les éléments chimiques qui constituent le globe que nous habitons se retrouvent dans les corps sidéraux.

LA TERRE.

Il est aujourd'hui démontré, par une multitude d'observations de plusieurs ordres qu'il serait trop long de rapporter, que la terre est un sphéroïde qui se meut dans l'espace. Elle exécute deux mouvements principaux : l'un de *rotation* autour d'un axe géométrique, qui détermine la durée du jour; l'autre, de *translation* autour du soleil, qui fixe la durée de l'année.

La courbe décrite ainsi par la terre est une ellipse dont le soleil occupe un des foyers.

Le plan qui contient cette courbe porte le nom d'*écliptique*, parce que c'est en lui que s'accomplissent les éclipses de lune et de soleil.

Les points de la terre traversés par son axe de rotation portent le nom de *pôles*, et le plan perpendiculaire à cet axe, qui la divise en deux parties égales, prend le nom d'*équateur*.

L'axe de rotation de la terre est incliné de 66°32' sur l'écliptique, et l'équateur est incliné sur ce même plan du complément de cet angle ou de 23°28'.

L'axe de la terre demeure sensiblement parallèle avec lui-même dans toutes les positions qu'elle occupe successivement sur l'écliptique, et c'est cette inclinaison qui détermine les saisons.

Le parallélisme de l'axe de la terre n'est cependant point parfait. Cet axe décrit un cône dont l'angle au sommet, qui est au centre de la terre, est le double de l'inclinaison de l'équateur sur l'écliptique, ou de 46°56'.

Ce mouvement s'exécute en sens inverse du mouvement de translation de la terre, et ne s'accomplit entièrement qu'avec une excessive lenteur. Il fait avancer chaque année le *point équinoxial* de 52"2, ou d'un degré en 72 ans, ce qui correspond à une période de 26,000 ans.

C'est ce phénomène qui prend le nom de *précession des équinoxes.*

Il résulte encore de ce mouvement que l'axe de la terre se dirige successivement vers différents points du ciel. Maintenant, il est tourné vers l'étoile α de la petite ourse, qui prend pour cela le nom d'*étoile polaire*, et dont il se rapprochera encore pendant près de deux siècles et demi, et s'en éloignera ensuite pour n'y revenir qu'après 26,000 ans.

La terre est aplatie vers ses pôles; il en résulte que son rayon équatorial est plus grand que son rayon polaire. Le premier de ces rayons est de 6,377,298 mètres; le second est de 6,356,079 mètres. D'où il résulte que l'aplatissement du globe est de 21,319 mètres, soit d'un peu plus de 5 lieues de 4 kilomètres chacune, soit encore 1/299e du rayon équatorial. On sait généralement que le mètre dérive d'une des dimensions de la terre, et qu'il est la dix-millionième partie du quart d'un méridien ou d'un cercle passant par l'axe de la terre et compris entre l'équateur et le pôle arctique. Il résulte d'une erreur qui a été commise en calculant la valeur du méridien, que la partie qui vient d'être indiquée contient réellement 10,000,857 mètres.

La densité moyenne de la terre, obtenue par des méthodes variées, a été trouvée environ 5 fois plus grande que celle de l'eau. Pour les personnes qui n'ont pas une notion suffisante de la densité, je dirai qu'elle exprime le poids relatif des corps sous l'unité de volume, le poids de l'eau étant pris pour terme de comparaison. Vous savez tous que le litre est exactement un décimètre cube, et qu'un litre d'eau distillée à 4 degrés au-dessus de zéro, ou de la température de la glace fondante, pèse 1 kilogramme. Voici une pierre d'un décimètre cube, comme vous le voyez par l'application de cette mesure linéaire; elle pèse 2 kilogrammes 1/2; d'où l'on conclut que sa densité est 2,5.

Connaissant le volume et le poids d'un corps exprimés dans le système métrique, on en déduit facilement la densité en divisant le poids par le volume : la densité est représentée par le quotient.

C'est ainsi que l'on a pu connaître la densité moyenne du soleil et celle de la lune, rapportées à l'eau prise pour terme de comparaison. La densité du soleil n'est que le quart de celle de la terre, ou plus exactement 0,252. Celle de la lune est plus grande que celle du soleil; mais plus faible que celle de la terre, elle est de 0,619.

On sait que, lorsque l'on s'élève au dessus de la surface du globe terrestre, soit en gravissant des hauteurs, soit dans une ascension aérostatique, la température décroît rapidement; que, sur les hautes montagnes, il existe des neiges perpétuelles, même sous l'équateur, comme cela a lieu dans les Andes, montagnes de l'Amérique du Sud. On sait encore qu'aux pôles de la terre il y a des glaces qui ne fondent jamais, et que le mercure, qui ne se congèle qu'à — 39,5 degrés, y est à l'état solide.

On s'est demandé quelle pouvait être la température de l'espace céleste. Plusieurs mathématiciens l'ont estimée à —50 degrés; mais M. Pouillet, par une suite d'expériences spéciales, a été conduit à admettre une température plus basse, ou de 142 degrés au dessous de celle de la glace fondante. Ce savant a encore calculé que la chaleur du soleil, reçue à la surface de la terre en un an, suffirait pour fondre une couche de glace de 30m80 d'épaisseur (1).

La chaleur solaire se concentre dans les vallées, et la température y est beaucoup plus élevée que sur les hautes montagnes. Il en est de même du refroidissement, il est beaucoup plus grand sur ces dernières que dans les vallées. Cela va si loin que, dans les nuits sereines, la

(1) Pour trouver ce nombre, M. Pouillet a dû admettre que la glace emploie 75 calories pour entrer en fusion. Si, au lieu de ce nombre, on prend 79, trouvé par MM. La Provotaye et Desains, on obtient 29m32. Ce nombre ne doit d'ailleurs s'appliquer qu'aux lieux où le rayonnement solaire est perpendiculaire à la surface de la glace.

rosée ne mouille que les saillies du sable qui a été foulé par les pieds de l'homme, et que les anfractuosités demeurent sèches.

La température moyenne d'un lieu est celle que l'on obtient en faisant la somme des températures moyennes des jours d'une année et en divisant cette somme par les nombres des jours contenus dans l'année.

La température de la surface du sol varie beaucoup, selon les saisons; mais si on le creuse, on finit par rencontrer une couche d'une température invariable, qui est généralement la même que la température moyenne du lieu. La température des caves d'une certaine profondeur demeure invariable, et se trouve dans cette dernière condition. Si l'on continue à pénétrer dans la profondeur de la croûte terrestre, on voit que la température s'accroît assez régulièrement d'un degré pour environ 33 mètres de profondeur.

Cette observation a été répétée dans un grand nombre de mines; elle est, en outre, d'accord avec la température de l'eau donnée par les puits artésiens ([1]).

On trouve facilement que si la température croissait, en suivant cette loi, jusqu'au centre du globe, elle atteindrait, pour un rayon moyen, jusqu'à 192,299 degrés,

([1]) D'après de nouvelles observations de M. Becquerel, ce serait par 40 mètres que la température varierait d'un degré. Mais les observations de ce savant, quoique très précises, n'ont été faites qu'à une faible profondeur, et ne peuvent infirmer les résultats obtenus par ses devanciers, résultats qui ont été obtenus dans des circonstances très variées et souvent à de très grandes profondeurs.

température dont nous ne pouvons nous faire une idée, tant elle est supérieure à toutes celles que nous pouvons obtenir.

Ce résultat sera discuté dans la partie spéculative de cette conférence.

La surface du globe, comme vous le savez, est en grande partie couverte par les eaux de la mer. Ces eaux tiennent en dissolution une quantité considérable de sel, qui est formé de chlore et de sodium. La partie émergée est fort irrégulière dans ses contours, et si l'on considère sa surface : ce sont de vastes plaines enclavées dans des chaînes de montagnes, excepté du côté de la mer, qui est presque toujours libre.

La plus haute montagne d'Europe est le *Mont-Blanc*, qui se trouve aujourd'hui en France ; il s'élève jusqu'à 4,815 mètres au dessus du niveau moyen de la mer. La plus élevée de toutes les montagnes connues est le *Gaourichnaka*, qui fait partie de la chaîne de l'*Himalaya*, située dans l'Asie centrale. Le nom de l'*Himalaya* est d'origine sanscrite, et veut dire *séjour des neiges*, comme l'*Elbourou* du Caucase, interprété par la langue basque, veut dire *tête de neige* (1).

L'eau de la mer s'évapore sans cesse, et donne de

(1) L'histoire nous apprend que les anciens Géorgiens étaient des Basques, et qu'ils ont été refoulés dans le Caucase, où ils formaient une tribu qui a conservé le nom de *Gudamakari*, tribu qui a peut-être été détruite depuis la conquête des Russes.

l'eau douce par une véritable distillation. La vapeur d'eau, d'abord invisible, se condense dans les régions élevées, prend la forme de la vapeur dite *vésiculaire* qui constitue les nuages. Ceux-ci, transportés sur les continents par les courants d'air, y reprennent la forme liquide, tombent en pluie, en neige ou en grêle, et l'eau, devenue liquide, coulant sous l'influence de la pesanteur, a creusé le sol pour y former des ruisseaux, des rivières, des fleuves; ou bien elle s'arrête dans des bassins pour produire des lacs, des étangs ou de simples mares.

Cette transformation incessante de l'eau et cette rotation perpétuelle à laquelle elle donne lieu, est indispensable a l'existence des êtres vivants, et nous verrons que dans les temps primitifs elle a donné lieu à des phénomènes qui ont laissé des traces profondes.

Si l'on considère la structure de la partie accessible de la croûte du globe terrestre, les principales masses qui la forment se divisent en deux parties nettement distinctes : l'une d'elles est une masse sans forme déterminable, généralement composée de deux à trois éléments principaux, et possédant une structure cristalline, dans laquelle on n'a jamais trouvé de fossiles ou de débris d'êtres organiques; l'autre est formée de couches ou de strates superposées dont les éléments ne présentent rien de cristallisé, et sont même souvent formés de débris d'êtres vivants, microscopiques, comme la craie, et dans lesquels on observe des fossiles.

Entre ces deux sortes de terrains, on trouve cependant

des terrains tout à la fois cristallisés et stratifiés, tels que le mica-schiste et le gneiss, terrains qui ont été longtemps confondus avec les premiers avant que l'on en eût reconnu la stratification.

Les premiers, ou les terrains cristallisés, sont les moins étendus, et se trouvent principalement à la cime des montagnes; les autres, ou les terrains stratifiés, reposent dans les plaines, forment des monticules ou se relèvent vers les bords des montagnes.

Les terrains cristallisés, quoique atteignant une altitude plus grande que les terrains stratifiés, leur sont cependant inférieurs, car on les voit qui passent au dessous, et qui forment, pour ainsi dire, la première écorce du globe. Aussi, ces terrains ont-ils reçu le nom de terrains primitifs, qu'on leur donne encore généralement.

Ces deux ordres de terrains sont en outre caractérisés d'une manière absolue par la nature chimique de leurs éléments : les premiers sont essentiellement formés de silice libre ou combinée, sous forme de feldspath, de mica, etc., et ne contiennent point de chaux; les seconds peuvent contenir de la silice en grande abondance, à l'état de sable formé de parties libres ou agglomérées, ou de silex; mais ils sont surtout caractérisés par l'absence des silicates et par la présence des produits calcaires, et notamment du carbonate, qui les forme presque entièrement.

En dehors de ces deux ordres de terrains principaux, on trouve encore des volcans anciens ou en activité qui sont essentiellement caractérisés par des monticules coniques, souvent par l'existence d'un cratère, par des basaltes, et par la présence de laves spumeuses.

Dans plusieurs lieux, notamment dans les terrains primitifs et dans la partie inférieure des terrains stratifiés, on voit que la terre a été fendue, et que les fentes ont été remplies par des matières souvent tout à fait différentes de celles des terrains où elles se trouvent. Les veines ainsi formées portent le nom de *filons*, et la fente dans laquelle ils se trouvent, celui de *faille*.

Les principales matières de remplissage des filons sont des métaux généralement à l'état de sulfures, tels que le plomb, le cuivre, l'argent; d'autres fois, des produits oxydés et même hydratés, tels que le manganèse et le fer oxydé ou hydraté de l'espèce gœthite. On y trouve aussi, et d'une manière assez constante, le carbonate calcaire, le sulfate de baryte, le spath fluor, et le quartz de la variété nommée quartzite.

N'oublions pas ces amas de toutes sortes qui existent dans des bas-fonds ou qui forment les dunes, ni le sol arable qui recouvre les divers terrains, et qui est formé par leurs débris souvent mêlés avec de la matière organique, et ces masses minérales, étrangères, par leur nature chimique et leur mode de formation, aux terrains sur lesquels elles reposent, et qui ont reçu le nom de *blocs erratiques*.

Voilà, Messieurs, l'exposé rapide des connaissances positives que nous avons acquises sur le globe que nous habitons. Nous avons ainsi une base et un terme de comparaison pour aborder la partie spéculative ou cryptologique relative à l'origine de cette terre que l'homme habite, et sur laquelle reposent les dépouilles de ceux qui lui ont transmis la vie.

PARTIE SPÉCULATIVE.

HISTORIQUE.

Ce n'est point seulement à notre époque que l'on s'est efforcé de rechercher l'origine du monde que nous habitons. Des hypothèses plus ou moins hardies, plus ou moins fondées, ont été émises dès les temps les plus reculés de la Grèce savante.

L'une des plus anciennes théories est sans doute celle de Moïse, qui vivait dans le XVIe et le XVIIe siècle qui ont précédé notre ère, c'est à dire il y a plus de trois mille ans, et qui nous a donné la description successive de la création telle qu'il la concevait à cette époque où les sciences d'observation n'étaient point nées. Chacun de vous, Messieurs, connaît la *Genèse*, et ce verset simple et sublime qui la commence : Bérèchit bara Aleïm at échamim ouat éarats, que l'on traduit généralement, en altérant quelque peu le texte biblique : *Au commencement Dieu créa le ciel et la terre.* (V. note 1.)

A une époque beaucoup plus rapprochée de nous, mais cependant encore fort ancienne, dans le Ve siècle avant notre ère, vivait Leucippe. Ce profond philosophe inventa la théorie des *atomes*, qui est encore debout aujourd'hui, et qui est la seule qui permette de se rendre compte de l'existence des êtres, de leur formation, de leur constitution, et notamment des actions chimiques.

D'après ce philosophe, la matière est essentiellement formée de parties excessivement petites qui échappent à notre observation directe, et qui ne sont point susceptibles de division, ainsi que le mot atome l'indique; car ce mot, qui est d'origine grecque, veut dire insécable ou indivisible.

Les atomes se mouvraient en tourbillons; les parties similaires s'uniraient entre elles : les plus fortes se réuniraient au centre de la masse et formeraient un assemblage sphérique. Chaque astre devrait, d'ailleurs, son origine à un tourbillon spécial.

Les découvertes les plus modernes n'ont fait que confirmer cette théorie dans ce qu'elle a d'essentiel.

Il est facile de comprendre, d'après ce court exposé, que Descartes n'a été que le continuateur de Leucippe.

Le célèbre DÉMOCRITE, d'Abdère, qui mourut 362 ans avant l'ère chrétienne, adopta la théorie de Leucippe. Il admettait que l'univers était formé d'espace et d'atomes; que ces derniers sont infinis au point de vue de leur nombre et des formes qu'ils affectent, et qu'ils se meuvent en tourbillons.

Épicure, dont Fénelon, le célèbre auteur de *Télémaque*, nous a exposé la théorie, a vécu peu de temps après Démocrite, de 342 à 270 ans avant le Christ. Il alla jusqu'à donner le mode de formation des êtres vivants.

Les ouvrages de ces hommes célèbres sont généralement perdus, et l'on n'a de renseignements sur eux que ceux qui nous ont été transmis par les historiens.

Personne plus que Lucrèce n'a développé la théorie des atomes. On a de lui le poème *De rerum naturâ.*

C'est dans cette œuvre éminemment célèbre qu'il s'efforce d'expliquer comment la matière, d'abord à l'état de chaos, a pu donner naissance aux mondes qui peuplent l'espace par la rencontre fortuite des atomes; comment les plantes, les animaux, les hommes, apparurent successivement sur la terre; comment certaines races d'animaux sont disparues, parce qu'elles ne se sont pas trouvées dans des conditions convenables à leur existence; comment l'homme a passé de l'état sauvage à l'état civilisé; comment les religions se sont établies; comment les arts ont été créés.

S'il m'est permis d'émettre une opinion personnelle, je dirai que j'ai toujours pensé que si les Égyptiens, les Grecs et les Romains n'ont point connu la géologie, ils ont dû avoir au moins des notions sur la constitution de la partie superficielle du globe terrestre, et sur les différentes matières qui le forment; par exemple, ils ont dû distinguer le granite des roches calcaires, et, sans en connaître la composition chimique, il leur a été impossible de les confondre. Les immenses masses minérales qu'ils extrayaient du sol pour leurs constructions, les métaux qu'ils surent retirer de leurs minerais en sont une preuve évidente. L'ouvrage de Théophraste sur les pierres, quelques passages de Dioscorides, de Pline et de Vitruve, sont là pour l'attester. On peut citer aussi ce passage d'Ovide, qui témoigne qu'il était au moins l'interprète des observateurs de son siècle :

...... Vidi factas ex æquore terras,
Et procul a pelago conchæ jacuere marinæ ([1]).

Pendant un grand nombre de siècles, le flambeau de la science s'éteignit. On étudia, on commenta les auteurs anciens, que l'on ne pouvait comprendre, faute de connaissances égales aux leurs. Ce n'est qu'à une époque très rapprochée de nous que, bannissant les études scholastiques, on scruta de nouveau le grand livre de la nature.

Descartes, dans le XVIe siècle, imagina un système général qui n'est pas sans analogie avec celui de Leucippe.

Il explique comment les mondes se sont formés par des tourbillons de matière en mouvement; opinion qui a été reproduite de nos jours par de Boucheporn, mais non sans y apporter des modifications importantes.

L'ignorance où Descartes était des principes les plus élémentaires des sciences physiques, et notamment de la chimie, qui a été créée tout entière depuis que ce savant s'est efforcé de pénétrer dans le secret de la constitution des corps, fait qu'une foule d'explications qu'il a données nous semblent aujourd'hui complètement inuti-

([1]) Buffon (*Hist. nat.*, t. Ier, p. 64. In-4°, 1749, impr. imp.) cite ces vers d'Ovide; mais au lieu de *factas*, on lit *fractas*. Quelles que soient les publications où divers auteurs ont emprunté cette citation très connue, il est éminemment probable qu'il faut lire *factas* et non *fractas*. La particule *ex* le démontre de la manière la plus évidente. Avec *fractas*, elle devient insignifiante et déplacée.

les, si elles ne sont erronées. Cela n'est pas encourageant pour ceux qui marchent sur ses traces; car des connaissances que l'on peut croire aujourd'hui très étendues et très profondes ne seront que tout à fait secondaires dans quelques siècles.

Cependant, parmi ces connaissances, il y en a de très nettement déterminées, de tout à fait positives, et l'on peut chercher les relations qu'elles ont entre elles sans qu'il y ait à craindre de s'égarer; car, que l'on décompose un jour l'azote et l'oxygène, qu'on les réduise en de nouveaux éléments, ces deux corps, définis comme ils le sont aujourd'hui, et tant d'autres auxquels on peut appliquer le même raisonnement, ne seront pas moins ce qu'ils sont et tels que nous les connaissons.

Le danger est de vouloir pénétrer trop avant et de dépasser les limites des connaissances que l'on possède.

N'oublions pas que nous nous occupons d'une partie spéculative, de la science; et loin de tout présenter avec assurance, il m'arrivera souvent de faire de fortes objections aux systèmes qui ont le plus de vogue aujourd'hui, et qui paraissent les mieux établis.

Agricola, qui naquit à la fin du XVe siècle, étudia la métallurgie et les fossiles. On a de lui un ouvrage qui a pour titre : *De ortu et causis subterraneorum.* Un peu plus tard, Bernard Palissy, l'illustre potier de Saintes, reconnut les fossiles sur le continent, et donna une théorie des fontaines. Depuis ces hommes qui ont créé la géologie à la renaissance des sciences, une foule d'auteurs ont publié des systèmes fort différents les uns des autres. En général, ces systèmes sont remarquables par l'unité du principe qui, selon eux, aurait présidé à la formation du globe terrestre : les uns veulent que tout ait été produit par l'eau (telle est l'opinion de Deluc et celle de de Maillet, qui a écrit sous le pseudonyme de Telliamed); d'autres veulent que tout ait été produit par le feu.

Il est aussi des géologues qui ont admis que le globe terrestre a été l'objet de révolutions terribles et violentes, produites en général par le choc d'astres errants, qui ont ainsi pu donner naissance aux différentes chaînes de montagnes. D'autres savants, au contraire, veulent que tous les phénomènes se soient accomplis lentement, comme ceux qui ont lieu à l'époque actuelle.

En général, les opinions trop exclusives n'ont point pour elles le caractère de la réalité : elles font naître des réactions qui donnent naissance à des théories contraires et tout aussi exagérées. Ces théories peuvent être fondées sur des faits bien observés, et peuvent ne pécher que parce qu'on en a fait une application trop générale. Ceux qui n'ont point un système à soutenir, et qui ont l'esprit libre, comparent ces théories, savent en extraire ce qu'elles ont de réel et de bien fondé, pour en construire une nouvelle théorie qui peut avoir pour elle plus de probabilités, mais qui peut cependant être encore fort incomplète; car il est éminemment probable que l'intervention du feu et de l'eau est insuffisante pour rendre compte de tous les phénomènes qui se sont accomplis dans la formation du globe terrestre. En effet, M. Becquerel père n'a-t-il pas démontré qu'une foule de corps avaient pu se former sous l'influence de courants électriques? En dehors de tous ces faits et malgré l'opiniâtreté de l'homme et la persévérance de ses travaux, combien n'y a-t-il pas d'autres faits qui demeurent inexpliqués?.... Je me bornerai à poser cette question : Comment se sont formés les cristaux de quartz, qui sont si abondants dans la nature? On l'ignore entièrement (1).

Cuvier, à qui la géologie doit tant, a écrit sur les révolutions de la surface du globe. Son ouvrage repose autant sur un grand nombre de faits bien observés et inconnus de ses devanciers, que sur des connaissances historiques qui inspirent le plus grand intérêt. Mais les publications de ce savant se rapportent plutôt à la période caractérisée par la présence des êtres vivants qu'à celle qui les a précédés, et ne peut nous être d'une grande utilité.

Parmi les hypothèses qui ont été faites sur l'origine du globe terrestre, les plus remarquables sont dues à Buffon et à Laplace. Le premier de ces savants a émis la pensée que notre système planétaire pouvait provenir du soleil, et qu'il en aurait été enlevé par la rencontre d'une comète; le second a émis l'opinion qu'il pouvait avoir une nébuleuse pour origine.

Buffon a écrit un ouvrage tout entier sur ce sujet. Cet ouvrage a pour titre : *Théorie de la terre*, et forme le premier volume de son *Histoire naturelle*. Il est rempli d'observations intéressantes mises en relief avec le tact et le talent du grand écrivain naturaliste; elles présen-

(1) On a rencontré, dans les carrières de marbre de Carrare, des cavités dans lesquelles, dit-on, on a trouvé un liquide qui s'épaississait, se solidifiait à l'air et se transformait en quartz. Mais ce fait, s'il n'est point erroné, ne donne qu'une indication, sans expliquer la formation du quartz.

tent une base sérieuse pour l'histoire naturelle du globe terrestre, mais aucune d'elles ne donne la preuve que la terre ait jamais fait partie intégrante du soleil. Cependant, la direction du mouvement des planètes, qui est la même pour toutes, leur rotation, qui s'exécute dans le même sens, le peu d'écart de leurs orbites, et les découvertes les plus récentes de la spectroscopie, qui ont démontré que le soleil contient les mêmes éléments chimiques que le globe terrestre, sont autant d'inductions séduisantes.

Mais l'observation des étoiles doubles qui présentent des systèmes astronomiques constitués comme celui dont la terre fait partie, et celle d'un grand nombre de nébuleuses, ne permettent pas d'adopter l'hypothèse de Buffon, quand même on admettrait qu'il eût pu y avoir un astre errant assez dense et assez puissant pour arracher une partie de la matière du soleil.

L'hypothèse de Laplace paraît plus vraisemblable. Cet homme éminent est le véritable continuateur de Newton; c'est à lui qu'il a été donné de compléter les œuvres de ce puissant génie.

Cet illustre savant n'a, sans doute, pas cru devoir écrire un ouvrage, ni même un mémoire spécial, sur un sujet aussi hypothétique, auquel il aurait craint de donner une trop grande publicité, dans le cas où l'hypothèse échouerait devant les faits : il n'en a fait l'objet que d'une simple note publiée à la fin de son *Exposition du système du monde* (1).

(1) Cette note a été reproduite en entier dans l'*Annuaire du Bureau des longitudes de 1867*, in-18; 1 fr. 25 c. chez tous les libraires.

En se fondant sur les lois du mouvement et de l'attraction universelle, il fait voir comment les nébuleuses ont pu se condenser, et comment les planètes et leurs satellites ont pu être formés.

L'examen des nébuleuses à l'aide de télescopes de plus en plus puissants, ayant permis d'en *résoudre, en amas stellaires,* un grand nombre que l'on considérait comme irrésolubles, on a été porté à penser que toutes pourraient être résolues si l'on possédait des instruments d'une énergie suffisante.

En se fondant sur cette simple induction, on a été jusqu'à dire que le système de Laplace était sans fondement et devait être repoussé. Mais, depuis, l'analyse spectrale a parlé.

Les observations de M. Huggins ayant démontré que des nébuleuses présentaient les raies spectrales de l'hydrogène et une des raies de l'azote, on est bien fixé sur ce point : toutes les nébuleuses ne seront pas entièrement résolubles en astéroïdes, quelque puissants que puissent être les télescopes employés à les observer ; d'où il résulte que si l'hypothèse de Laplace n'est point démontrée, elle a reconquis au moins toutes les probabilités dont elle jouissait auparavant.

C'est cette hypothèse qui sera adoptée et discutée dans cette conférence.

THÉORIE GÉNÉRALE

DE LA

FORMATION DU GLOBE TERRESTRE.

La terre, avant d'être peuplée par des êtres vivants, a dû passer par six états nettement distincts.

Si ces états s'étaient succédé sans jamais exister en même temps, il pourrait convenir de leur donner le nom d'*époques;* mais comme plusieurs de ces états ont existé ensemble, ainsi que nous observons aujourd'hui l'état solide, l'état liquide et l'état gazeux, il me paraît plus convenable de leur donner le nom de *formation.*

Nous admettrons donc que le globe terrestre, pour arriver de son origine la plus reculée jusqu'à l'apparition des êtres vivants, a dû être l'objet de six formations successives.

Ces formations peuvent être caractérisées ainsi :

Première formation. — État atomique de la matière. Existence du fluide éthéré.

Deuxième formation. — État gazeux. Formation des éléments chimiques.

Troisième formation. — Combinaisons chimiques. État pulviculaire. Parties solides s'agrégeant pour former des masses de plus en plus considérables.

Quatrième formation. — État liquide.

Cinquième formation. — Solidification de la partie superficielle du globe terrestre.

Sixième formation. — Condensation de l'eau.

PREMIÈRE FORMATION.

Espace. — État atomique. — Existence du fluide éthéré.

A l'origine des êtres, l'univers était composé d'espace et d'atomes.

L'espace est étendu, éminemment divisible et pénétrable; ses dimensions sont infinies.

Les atomes sont aussi étendus; mais leurs dimensions sont finies; ils sont essentiellement indivisibles comme leur nom l'indique, et sont, en outre, indestructibles et tous semblables les uns aux autres.

Ils sont en outre attractifs et doués de mouvement.

Sans ces dernières propriétés, ils ne seraient qu'une pulvicule inerte, qui n'aurait pu donner naissance à aucun des êtres corporels que nous connaissons.

A cette première époque, la lumière et la chaleur n'existaient point; mais les atomes possédaient le mouvement, qui est l'origine de ces phénomènes.

La puissance attractive des atomes leur est inhérente et invariable pour chacun d'eux. Elle ne les abandonne jamais dans telles conditions ou circonstances qu'ils puissent se trouver ou dans telles combinaisons qu'ils puissent entrer. Cependant, les effets qu'elle produit peuvent être modifiés de manière à en faire varier l'intensité apparente. C'est ainsi, par exemple, que la pesanteur est diminuée par le mouvement rotatoire de la terre.

L'attractivité des atomes fait qu'ils se réunissent pour former des assemblages de divers ordres et des *masses* plus ou moins considérables.

Elle est un des caractères fondamentaux de la matérialité et de l'existence des corps.

C'est elle qui donne naissance aux forces que l'on a désignées sous les noms de *gravitation* et de *pesanteur*.

Par *forces* nous devons entendre des *êtres abstraits* auxquels on rapporte les actes exercés par les corps que nous observons.

Le mouvement des atomes est de deux espèces :

L'un est un mouvement de *rotation* autour d'un axe; l'autre est un mouvement de *translation* (1).

Le mouvement des atomes est variable : il peut augmenter, diminuer, se transformer, passer d'un atome à un autre ou d'un système d'atomes à un autre système d'atomes.

En passant d'un système dans un autre ou en se transformant, le mouvement ne se détruit point; pour l'expérimentateur, *il est aussi indestructible que la matière qu'il anime*.

Il résulte du *mouvement de rotation* des atomes que chacun d'eux a un axe, deux pôles et un équateur. Ce mouvement est une cause d'attractivité ou de répulsivité : ceux qui ont leurs axes parallèles, et qui tournent dans

(1) V. note 2 dans la dernière partie.

le même sens, s'attirent; ceux qui tournent en sens inverse se repoussent.

Cette condition particulière fait que les atomes se comportent les uns à l'égard des autres comme des aimants. On peut donc les considérer comme des aimants à l'état corpusculaire.

La vitesse du mouvement de rotation des atomes est si considérable que nous ne pouvons nous en faire une idée. Chacun d'eux exécute des millions de millions de révolutions en une seconde de temps [1].

L'électricité dynamique, qui se meut avec une si prodigieuse rapidité, aurait pour cause principale et peut-être unique le mouvement de rotation des atomes.

Voici un appareil à l'aide duquel on démontre facilement que les courants électriques qui marchent dans le même sens s'attirent, et que ceux qui marchent en sens inverse se repoussent.

Voici un autre appareil dans lequel deux courants croisés se mettent en mouvement pour devenir parallèles et dirigés dans le même sens.

Si l'on admet que l'électricité est due au mouvement de rotation des corpuscules qui constituent les fils métalliques parcourus par des courants, il suffit de rapporter la direction du courant au sens de rotation de ces corpuscules pour établir la relation du phénomène et de la cause qui le produit [2].

[1] V. note 3.

[2] Ampère admettait que des courants électriques tournaient autour des molécules. A cette hypothèse, qu'il est impossible de

Le *mouvement de translation* des atomes est, comme celui de rotation, d'une rapidité excessive ([1]). Il les éloigne ou les rapproche; mais, dans aucun cas, il ne peut déterminer la permanence de leur réunion. Au contraire, il est constamment une cause qui tend à les dissocier.

Ce mouvement, combinant son action avec celle de l'attractivité, peut donner naissance à des assemblages de divers ordres, variant depuis les mérons et les molécules jusqu'aux masses les plus considérables.

Le *mouvement de translation* peut aussi se transformer en *mouvement vibratoire.*

Ces deux dernières conditions seront étudiées d'une manière plus spéciale dans la deuxième formation.

Ainsi que cela a été dit, le mouvement peut être augmenté ou diminué; mais il ne peut exister sans la matière. On ne peut le comprendre en dehors de la matière ou des corps qu'elle forme, puisqu'il est une condition de leur existence.

Le mouvement sans matière est impossible. La matière sans mouvement ne serait qu'une masse informe et absolument INERTE.

Nous admettrons donc, comme une conséquence forcée

comprendre, j'ai substitué celle du mouvement de rotation des atomes.

Ces deux hypothèses présentent une difficulté considérable, qui n'a pas été prévue par Ampère, et qui sera discutée dans un travail spécial.

([1]) V. note 4 à la fin de cet opuscule.

de l'hypothèse que nous avons faite, *l'inhérence du mouvement et de la matière,* comme nous avons admis l'inhérence de l'attractivité.

Cette première formation existe encore concurremment avec les autres formations qui nous sont connues : la résistance que certaines comètes ont rencontrée dans l'espace, la forme de leur queue, et, en particulier, la courbure de celle de la comète de Donati, en sont une démonstration suffisante.

Nous ne possédons aucun organe, aucun sens, qui nous permette d'observer directement ce premier état de la matière. Ce n'est que par une analyse profonde et les lumières de notre intelligence que nous pouvons le comprendre.

DEUXIÈME FORMATION.

Production des éléments chimiques. — État gazeux.

Les atomes doués d'un double mouvement de rotation et de translation parcourent l'espace en ligne droite tant qu'aucune action étrangère ou en dehors d'eux ne les en détourne.

Lorsque des atomes sont suffisamment rapprochés pour exercer une action mutuelle sensible, ils s'attirent ou se repoussent. L'attraction l'emporte généralement sur la répulsion, puisqu'elle leur est inhérente, et que la répulsion ne peut avoir lieu que par l'influence réciproque de leur mouvement rotatoire ou du mouvement de translation qui les porterait au delà de leur sphère attractive. S'ils suivent la même direction, ils vont en se rapprochant; s'ils suivent des directions différentes, il pourra se présenter plusieurs cas : ou ils seront simplement déviés de leur route en décrivant des courbes spéciales selon les circonstances, ou bien ils demeureront enchaînés les uns aux autres.

La trajectoire des atomes ou des masses qu'ils forment peut donc être modifiée par leur action réciproque.

En général, la courbe parcourue peut être représentée par celles que font naître des sections opérées dans un cône.

Voici un cône coupé dans plusieurs directions. Son axe est une ligne qui va du sommet au milieu de sa base.

Une section perpendiculaire à l'axe donne un cercle.

Une section parallèle à l'axe, mais ne passant pas par cet axe, donne une hyperbole.

Une section parallèle à un côté donne une parabole, et une section oblique donne une ellipse.

La section par l'axe du cône donnerait un triangle ou plutôt un angle dont il n'y a pas lieu de nous occuper (1).

Le cercle a un *centre*, les autres courbes provenant des sections coniques ont des *foyers*.

La parabole n'a qu'un seul foyer, l'ellipse en a deux; l'hyperbole passe pour n'avoir qu'un foyer; mais pour le cas qui nous occupe, on peut admettre qu'elle en a deux : un positif et un négatif.

La réaction mutuelle des atomes peut présenter une infinité de cas particuliers, si l'on tient compte de leur direction et de leur distance.

Nous ne considérons que les cas spéciaux qui donnent lieu aux applications qu'il nous importe d'étudier.

Deux atomes dont les trajectoires seraient dans le même plan, et qui réagiraient l'un sur l'autre de manière à s'attirer mutuellement, arrivés à une certaine distance.

(1) Cet angle, cependant, représenterait la trajectoire d'un corps qui en rencontrerait un autre obliquement et serait réfléchi. Une branche serait le *rayon incident;* la deuxième branche serait le *rayon réfléchi;* l'axe du cône représenterait la normale.

décriraient chacun un cercle dont le centre serait au milieu de la distance qui les sépare.

Je donne le nom de CENTRE D'ACTIVITÉ à ce point pour le distinguer du centre de gravité, qui ne représente qu'un cas spécial relatif à la gravitation et à la pesanteur.

On aurait donc ainsi un petit système binaire qui tournerait avec une extrême rapidité.

Un atome, attiré par une masse d'atomes, décrirait une parabole si la puissance attractive était insuffisante pour les réunir en un seul système.

Un atome, attiré par deux atomes ou deux masses d'atomes, parcourrait une ligne droite s'il était dirigé normalement sur leur centre d'activité; mais il parcourrait une hyperbole s'il passait entre eux en tout autre point que ce centre.

Un atome, attiré par une masse d'atomes, et passant assez près de cette masse pour que leur attraction mutuelle l'emporte sur leur mouvement, pourrait présenter deux cas principaux : ou la réaction des éléments serait telle, que la masse et l'atome décriraient chacun un cercle autour de leur centre commun d'activité; ou, si la force attractive l'emportait sur le mouvement, chacun de ces éléments corpusculaires, décrirait une ellipse autour de leur centre commun d'activité.

On comprendra facilement que chaque assemblage ou système d'atomes, produit comme il vient d'être dit, sera formé de parties reliées entre elles, et qu'il faudrait employer une certaine force pour les séparer ou simplement pour déformer le système; de même qu'il faudrait une puissance considérable pour arracher la terre ou la lune à l'orbite que chacune d'elles décrit, ou simplement pour déformer ces orbites.

On comprendra de même que la cause qui a dérangé la trajectoire d'un corpuscule ou d'une masse quelconque venant à cesser, cette trajectoire reprenne son cours : les orbites déformées reviendront à leur état primitif après une suite d'oscillations. On déduira de cette observation qu'elle rend compte de l'*élasticité* des corps, qui sont des assemblages formés dans les conditions qui viennent d'être indiquées.

Il pourra arriver que deux systèmes corpusculaires, sollicités par leur action attractive mutuelle, marchent l'un vers l'autre, et que leur rencontre donne lieu à une espèce de choc qui trouble l'ordre préexistant. En vertu de l'élasticité qui vient d'être expliquée, les systèmes se repousseront, puis ils s'attireront de nouveau, et *ce mouvement alternatif deviendra un mouvement oscillatoire ou vibratoire.*

LE MOUVEMENT DE TRANSLATION PEUT DONC ÊTRE TRANSFORMÉ EN MOUVEMENT VIBRATOIRE.

On a déjà vu comment, étant naturellement rectiligne, il pouvait être transformé en mouvement curviligne.

Des systèmes binaires s'assemblèrent dans les conditions qui vont être exposées pour former des groupes ou des systèmes plus compliqués.

Les éléments chimiques ont été formés par des réunions d'atomes.

Non seulement ces atomes sont disposés symétriquement en nombre défini, ainsi que cela est démontré et par les équivalents chimiques et par les formes cristallines, mais plusieurs groupes semblables se réunissent pour former un système ou un assemblage déterminé.

Lorsque les corps s'unissent chimiquement, ce dernier assemblage reçoit de nouveaux éléments ou se divise en deux ou en quatre parties égales.

Les groupements composés sont formés avec les parties des groupements des éléments chimiques.

Par exemple, dans la formation de l'acide chlorhydrique, un demi-volume d'hydrogène s'unit à un demi-volume de chlore, pour former un volume de cet acide, et l'on peut admettre, d'après la loi d'Avogadro, qu'un demi-système d'hydrogène, considéré à l'état libre, s'est uni à un demi-système de chlore.

Il y a donc, dans les corps composés, des fractions, des groupes, qui représentent les éléments chimiques à l'état libre.

Le groupement entier a reçu le nom de *molécule*. J'ai donné celui de *méron* aux parties qui constituent immédiatement cette dernière.

Les atomes réunis en certaine quantité, et selon certaines lois, produisent les *mérons* des éléments chimiques.

Les mérons produisent des *molécules* par leur réunion.

Les progrès faits par la chimie organique exigent que l'on distingue plusieurs sortes de mérons. En effet, des corps composés, tels que le méthyle, l'éthyle, l'ammonium, jouant le même rôle que les éléments chimiques dans la formation des composés, il en résulte que ces mérons d'une nouvelle espèce sont eux-mêmes composés de mérons d'un ordre inférieur.

Le nom de *méron* ayant été donné aux éléments mécaniques immédiats des molécules, celui de *mérule* a été donné aux éléments constituant des mérons; au besoin, on pourrait employer celui de *méricule*.

Il résulte de ce qui vient d'être dit, et pour éviter toute espèce de confusion, que les mérons des éléments chimiques peuvent devenir les mérules et même les méricules des composés qu'ils forment par leur réunion.

Des systèmes binaires, formés comme il a été dit précédemment, pourront se réunir en confondant leur centre d'activité en un seul.

Deux systèmes binaires, formés d'atomes ou de mérons égaux, donneront lieu à un groupement défini : le *tétraméron*, qui est le plus simple de tous. Si des lignes partaient de chaque méron du système ainsi formé pour les réunir deux à deux, on aurait dans l'espace le dessin du *tétraèdre régulier*.

Six atomes égaux, ou trois systèmes binaires, se réunissent pour produire un hexaméron régulier, dont les sommets sont ceux d'un *octaèdre régulier*.

Quatre systèmes binaires, ou huit atomes, forment ainsi un octoméron qui est cubique; et il faut l'ajouter ici, le tétraméron n'est qu'un hémisolide ou un solide incomplet : la moitié d'un octaméron ou d'un cube.

Six systèmes binaires, ou douze atomes, peuvent se

réunir pour former un assemblage parfaitement régulier : le dodécaméron, dont les parties correspondent, soit au milieu des arêtes d'un cube ou d'un octaèdre, soit au centre des faces d'un dodécaèdre rhomboïdal.

Vingt-quatre atomes, quarante-huit atomes, et même quatre-vingt-seize atomes, peuvent aussi se réunir pour former des assemblages simples et réguliers; mais ils seraient beaucoup moins stables que les précédents, parce que leurs centres communs seraient de plus en plus éloignés de leur centre propre.

Nous avons remarqué que les tétraméróns étaient incomplets; nous pouvons voir encore que l'octoméron et l'hexaméron peuvent se réunir de la manière la plus symétrique, ou plutôt la plus régulière, pour donner naissance à un assemblage formé de 14 parties qui correspondent aux centres des faces du cubo-octaèdre des cristallographes.

Les groupements qui n'occupent point les mêmes parties symétriques peuvent se pénétrer et donner lieu à des systèmes ou à des molécules composés.

On a ainsi les systèmes moléculaires formés par la pénétration mutuelle du tétraméron ou de l'octoméron avec l'hexaméron et le dodécaméron. Ces trois derniers solides peuvent même être réunis en un seul.

Chaque groupement ou chaque système moléculaire peut être considéré comme un *type* dont les mérons peuvent être changés sans qu'il subisse d'autre altération que dans les dimensions relatives de ses axes.

Il est éminemment probable que c'est cette symétrie

1. Tétraméron.	2. Hexaméron.
3. Octoméron.	4. Dodécaméron.

5. Hexaméron pénétré avec l'octoméron.

6 et 7. Figures pour la théorie de la formation des montagnes.

1

5

2

3

4

6

7

des groupements, cette simplicité des arrangements, qui a donné lieu aux premiers éléments chimiques. Cela deviendra d'autant plus évident, si l'on considère que les rapports qui existent entre les équivalents des éléments des matières organiques sont, pour le carbone, l'oxygène et l'azote, 6, 8 et 14.

Cependant ces rapports ne s'appliquent pas *immédiatement* aux éléments primitifs qui viennent d'être nommés; car ces rapports, considérés, non plus au point de vue de l'équivalence chimique, mais du poids moléculaire des éléments, sont H = 1, C = 12, A = 14, O = 16. En outre, l'hydrogène lui-même est formé de molécules divisibles, ainsi que cela est prouvé par sa combinaison avec le chlore ou ses congénères et avec l'azote. On voit un demi-volume de ce gaz entrer en combinaison et concourir à la formation d'un volume du corps composé, soit une demi-molécule, d'après la loi d'Avogadro; loi qui veut qu'il y ait un nombre égal de molécules dans des volumes égaux de fluides élastiques, considérés dans les mêmes conditions de pression et de température. Une demi-molécule d'hydrogène et une demi-molécule de chloroïde donnent donc une molécule de chloroïdure hydrique; une molécule et demie d'hydrogène et une demi-molécule d'azote donnent une molécule d'ammoniaque gazeuse. Or, on peut admettre que la molécule d'hydrogène soit constituée par huit parties identiques, et il s'en suivra que les éléments devront être condensés dans ces parties élémentaires des molécules, ou dans les *mérons*.

Le chlore, le brôme, l'iode, remplissant les mêmes

fonctions chimiques, sous le même volume considéré à l'état de fluide élastique, on en conclut que sous le même volume ils ont des poids proportionnels à leur équivalent ou à ceux de leurs molécules. Et ici les équivalents et les molécules se confondent à cause de la similitude des fonctions qu'ils remplissent.

La chimie organique nous enseigne que l'hydrogène et tous les *élémentoïdes* occupent le même volume et remplissent les mêmes fonctions; d'où il résulte qu'il existe une très forte condensation dans les molécules de ces derniers. Dans ce cas, le fait est évident, car on détermine facilement la composition de ces produits : H, C_2H_3, C_4H_5, C_6H_7 ..... $C_{32}H_{33}$, occupent le même volume à l'état de fluide élastique et remplissent les mêmes fonctions, c'est à dire que les groupes représentés par ces formules, quelle que soit d'ailleurs leur constitution réelle, sont formées d'un même nombre de parties immédiates, toutes d'un volume égal; que toutes se répartissent ou peuvent se répartir de la même manière dans les combinaisons où elles entrent; que $\frac{H}{2}$, $\frac{C_2H_3}{2}$, $\frac{C_4H_5}{2}$ etc., sont SEMBLABLES; que les composés qu'ils forment sont constitués de la même manière et peuvent cristalliser dans la même forme en passant à l'état solide; en un mot, que tous ces élémentoïdes remplissent les mêmes fonctions géométriques, mécaniques, physiques et chimiques (1).

(1) Cette observation, que j'enseigne depuis longtemps et que j'ai publiée d'une manière toute spéciale dans les *Mémoires de la*

C'est ainsi qu'à cette première époque ont été formés successivement les quatre éléments : l'hydrogène, l'oxygène, l'azote et le carbone, qui sont en même temps les matières essentielles à la formation des êtres organiques et les quatre types fondamentaux autour desquels tous les autres éléments chimiques viennent se ranger.

L'hydrogène et l'azote, ou plutôt les éléments de ce corps, ont dû paraître les premiers, l'oxygène est venu après, et le carbone en dernier lieu.

L'azote est un élément chimique réfractaire. Il se refuse à la plupart des combinaisons, et se comporte généralement comme un produit dont les affinités sont satisfaites. Une découverte de M. Huggins, qui a trouvé que la nébuleuse 37 H IV du dragon ne présentait qu'une seule des raies de l'azote, donne lieu de penser que ce corps est composé.

On est encore conduit au même résultat quand on considère son équivalent chimique rapporté à l'hydrogène pris pour unité, équivalent qui est 14, et qui indique qu'il est composé de deux éléments dont les équivalents sont entre eux comme 3 : 4.

Il ne nous a pas encore été donné d'observer la réunion des atomes pour former des éléments chimiques, ni d'être témoin des phénomènes qui s'accomplissent pendant cette union; mais il est éminemment probable qu'il

Société des Sciences physiques et naturelles de Bordeaux, t. III. p. 282, est parfaitement fondée, et ne laisse aucun doute sur sa réalité. *Elle est tout à fait contraire au système atomique de M. Gaudin, qui, dans chaque groupement, remonte jusqu'aux atomes des éléments.*

se produit de la lumière par la réaction des mouvements rotatoires. Cette lumière est sans doute analogue à celle donnée par les tubes de Geisler. On sait qu'elle est due à l'action d'un courant induit sur un gaz très raréfié. Dans le cas de la formation des éléments, il n'y a point de courant ayant une direction déterminée, mais de la lumière dégagée dans les parties les plus intimes de la matière.

A cette époque, l'état solide n'existant point encore, et les molécules n'étant point agrégées entre elles, il ne pouvait y avoir d'électricité d'induction proprement dite, mais seulement de l'électricité atomique et de l'électricité moléculaire. C'est pourquoi nous disons seulement qu'il pouvait y avoir analogie entre la lumière qui devait se produire et celle émanant des tubes de Geisler mis en exercice par l'électricité d'induction.

Par la réunion de plusieurs atomes pour former un méron ou une molécule, une partie du mouvement de translation se trouve transformée en mouvement vibratoire. Ce mouvement vibratoire de la molécule ou de ses éléments A PRODUIT LA CHALEUR.

Les éléments chimiques appartenant à un même type exécutent le même nombre de vibrations dans le même temps. Ce nombre est immense. Il peut encore arriver que ces nombres soient harmoniques ou dans des rapports simples, comme ceux qui produisent l'accord parfait de la musique, ou encore comme les harmoniques d'un corps sonore, harmoniques qui sont représentées par

1 : 2 : 3 : 4 : 5. Une seule molécule peut même présenter plusieurs harmoniques, et, chez certains corps, c'est l'une d'elles qui l'emporte sur les autres. (Voy. note 5).

L'oxygène et l'hydrogène se sont combinés pour former de l'eau.

L'observation des nébuleuses et la théorie de la formation successive des éléments chimiques qui vient d'être exposée nous conduisent à admettre que l'oxygène a dû se former après l'hydrogène, et que la combinaison de ces gaz a dû s'effectuer à mesure que l'oxygène prenait naissance.

Cette réaction chimique a dû entretenir pendant longtemps la lumière et la chaleur émises par la nébuleuse terrestre.

L'oxygène a été finalement produit en grand excès: aussi ne connaissons-nous pas d'hydrogène libre sur notre globe.

La lumière produite par les gaz en combustion, lorsque le produit de cette combustion est lui-même gazeux, est relativement très faible. Les flammes de l'hydrogène, de l'oxyde de carbone et du cyanogène peuvent en donner un exemple.

La chaleur et la lumière sont dues à la réunion des mouvements élémentaires et à la perte du mouvement composé qui en résulte. Elles sont le témoignage d'un travail qui s'accomplit. En d'autres termes, elles sont dues à la réunion de mouvements complémentaires ou de deux mouvements qui se complètent l'un par l'autre, et le mouvement complet qui en résulte s'éteint peu à peu en se dispersant.

La lumière polarisée nous donne un exemple de cette lumière séparable en deux mouvements distincts et complémentaires l'un de l'autre.

Notre œil ne peut distinguer cette sorte de lumière de la lumière ordinaire; mais lorsqu'il est armé d'un analyseur, il reconnaît facilement que les deux faisceaux séparés de la lumière élémentaire sont polarisés dans deux plans perpendiculaires l'un à l'autre. Ce fait justifie ce qui vient d'être avancé.

A cette deuxième époque de formation, les éléments étaient excessivement *rares*, c'est à dire, en d'autres termes, que leurs molécules étaient considérablement écartées les unes des autres, et probablement autant qu'elles peuvent l'être dans un récipient où l'on a fait le vide à l'aide d'une machine pneumatique ordinaire.

Lorsque la terre était à l'état gazeux, son volume était beaucoup plus considérable qu'il ne l'est aujourd'hui. On ne peut déterminer d'une manière précise quel était ce volume; cependant, on peut le connaître d'une manière approximative.

La matière qui formait alors le globe terrestre était de l'hydrogène, de l'oxygène, de l'azote ou ses éléments, et du carbone; soit de l'oxygène, de la vapeur d'eau, de l'acide carbonique et de l'azote, par suite des combinaisons qui ont dû se former.

Le rapport des quantités de ces matières a dû changer à mesure que de nouveaux éléments se sont produits, et nous ne le connaissons en aucune manière. Maintenant, il y a plus d'azote que d'oxygène dans l'atmosphère; mais il y a de l'oxygène dans l'eau, et tous les corps qui forment la croûte terrestre en contiennent aussi. Il y a peu d'acide carbonique; mais il y en avait beaucoup plus à l'époque primitive. Il y avait enfin, ce que nous ne pouvons aucunement apprécier, tous ces gaz primitifs qui ont changé de nature par suite de la variation des circonstances.

D'après les principes que nous avons adoptés, la masse de notre planète n'a pas dû varier, parce que cette masse est représentée par la quantité de matière qui la forme, quantité qui se trouve elle-même représentée par le nombre des atomes qui la constituent, nombre qui n'a pu s'accroître ni diminuer, à moins toutefois qu'à la limite où la force centrifuge du sphéroïde gazeux faisait équilibre à l'action centrale des corpuscules, il n'ait pu arriver qu'une partie de ces corpuscules aient pu demeurer indifférents à l'action de la masse et se perdre dans l'espace. Il a pu encore arriver que cette masse se soit accrue par la rencontre d'autres astres et par la chute d'aérolithes.

Ces gaz, ramenés à la température de 0° et à la pression actuelle, ne pouvaient avoir une densité supérieure à celle de l'acide carbonique. La densité moyenne de l'hydrogène, de l'azote, de l'oxygène et de l'acide carbonique est inférieure à l'unité (environ 0,89), admettons que cette densité ait été la même que celle de l'air actuel. Or, la densité moyenne de la terre étant 5, un centimètre cube de l'élément moyen pèse 5 grammes, tandis qu'un centimètre cube d'air, à la température de 0° et sous la pression de 76 centimètres de mercure, ne pèse que 0gr0013. Un centimètre cube de l'élément moyen terrestre, réduit en fluide élastique ayant la densité de l'air, occuperait un volume 3,846 fois plus grand, si l'on admet que la densité moyenne du gaz était ce qu'elle est aujourd'hui pour l'air; mais elle était beaucoup plus faible, d'abord parce qu'elle allait en diminuant à mesure que les molécules s'éloignaient du centre commun de gravité, et encore par suite de l'élévation de température produite par la combinaison de l'hydrogène et du carbone avec l'oxygène. A 273 degrés seulement, elle eût fait doubler le volume de la masse; à 1,092 degrés, ce volume eût été quadruple, soit 13,384 fois plus grand qu'il n'est actuellement.

Le rayon du sphéroïde gazeux pouvait donc alors être 24 fois plus grand que celui de la terre, telle qu'elle est maintenant.

Ce calcul tout à fait approximatif est sujet à de graves erreurs, parce qu'il n'est pas tenu compte de toutes les circonstances. Il démontre cependant qu'à l'époque de la formation gazeuse, la terre était entièrement séparée du soleil et même de la lune, puisque cette dernière est à une distance de 60 rayons terrestres, et, eût-elle été réduite en fluide élastique comme la terre, ces deux astres n'auraient encore pu se toucher.

TROISIÈME FORMATION.

État pulviculaire.

Chaque élément constitutif de la masse exerce une action attractive sur les autres éléments; toutes ces actions se concentrent en un point particulier de la masse, point qui en est le centre de gravité. Les éléments qui ont pu demeurer gazeux ou conserver la forme gazeuse, tels que l'hydrogène, l'oxygène et l'azote, la vapeur d'eau, l'acide carbonique qui a dû se produire si le carbone était formé, se sont mêlés et condensés de plus en plus. Quoique très raréfiés, ils n'ont pas moins fait naître une pression considérable dirigée vers le centre de gravité de la masse commune. Cette nouvelle circonstance a dû donner lieu à la formation de nouveaux éléments chimiques; ces éléments, qui sont ceux dont les équivalents sont les moins élevés après ceux de la formation précédente, ont cependant eu un poids spécifique plus considérable. Ils ont pu ne pas être dans des conditions à conserver l'état gazeux, et ils ont formé une pulvicule; cette pulvicule, plus dense que les molécules des gaz, a dû tendre à se réunir au centre de la masse totale, et il en est résulté non seulement une nouvelle création d'éléments chimiques, mais aussi de nouvelles combinaisons.

Le nombre des *genres* des combinaisons chimiques

proprement dites est excessivement limité ; on n'en distingue que trois :

1° L'union des éléments entre eux peut donner des composés binaires, comme l'*hydrogène* et l'*oxygène*, qui constituent l'*eau;* le *chlore* et le *sodium*, qui donnent le *sel marin;* l'*oxygène* et le *fer*, qui donnent des *oxydes de fer;*

2° L'union des composés binaires entre eux qui donnent des sels, comme l'*acide carbonique* et la *chaux*, qui forment le *calcaire;* l'acide *azotique* et l'*oxyde de potassium*, qui donnent le *nitre ou salpêtre;*

3° L'union des sels entre eux, comme le *sulfate de potasse* et le *sulfate d'alumine*, qui produisent l'*alun;* comme les silicates simples, qui donnent de nombreux silicates composés par leur réunion.

Il y a encore un ordre de combinaison mixte dont on trouve de nombreux exemples dans la combinaison des sels avec l'*eau* dite *de cristallisation*. Voici du sulfate de cuivre et de fer, du sulfate, du carbonate et du phosphate de soude, qui se sont unis à l'eau en cristallisant, et qui en perdraient une quantité considérable si on les chauffait.

En dehors des divers ordres de combinaisons sur lesquelles je viens d'appeler votre attention, il y en a encore d'autres; mais ils sont spéciaux aux produits organiques, comme l'union de la plupart des matières tinctoriales avec les tissus et le charbon animal; comme celle de l'acide azotique et de la cellulose, dans la production du pyroxyle, etc.; il est inutile de les faire intervenir ici.

Les composés chimiques du deuxième ordre ou de l'ordre salin ne se sont point formés nécessairement par l'union directe des acides et des bases; ils ont pu prendre naissance d'une toute autre manière, par exemple, par la combustion d'un sulfure pour certains sulfates, tels que celui de plomb; par l'intervention de l'eau, d'un sulfure et d'un acide, comme cela a dû avoir lieu pour certaines calamines, évidemment formées par la destruction de la blende ou sulfure de zinc, à laquelle elle adhère intimement et représente un produit d'altération, comme vous le voyez sur ces échantillons.

Toutes les fois que des combinaisons chimiques s'opèrent, il y a développement de chaleur et quelquefois de lumière.

Lorsqu'un composé est formé, quels que soient les matériaux qui lui ont donné naissance, la quantité de chaleur et la quantité de lumière produites et dégagées, comme on le dit généralement, sont toujours les mêmes, et il ne peut en être autrement.

La lumière qui apparaît dans ces circonstances est d'autant plus intense qu'elle émane de corps solides ou que des corps de cette nature sont en présence des éléments qui s'unissent.

La flamme de l'hydrogène, comme vous venez de le voir, possède un très faible pouvoir éclairant. Si l'on y indroduit quelques fils fins de platine, ils deviennent d'un blanc éblouissant.

Si l'on brûle du fer dans l'oxygène, une vive lumière apparaît, parce que le combustible et le produit de la combustion sont solides.

Le phosphore, quoique volatil, donne, par la combustion un acide qui l'est très peu; aussi, quand on le brûle dans l'oxygène, il développe une lumière blanche éblouissante.

Si l'on brûle ensemble plusieurs fils de magnésium dans l'oxygène, il est impossible de supporter l'éclat de la lumière qui apparaît. Dans toutes ces réactions dont vous venez d'être témoins, vous avez vu mettre le feu aux corps combustibles, et vous seriez en droit de vous demander comment le feu pourrait prendre à des corps abandonnés à eux-mêmes. Ceci ne peut avoir rien qui nous arrête. En général, les corps poreux absorbent les gaz et les condensent fortement; l'air, l'oxygène s'échauffent, et le feu y prend. C'est ce qui arrive aux astéroïdes, bolides, étoiles filantes ou aérolithes qui pénètrent dans l'atmosphère terrestre. On a vu des masses de charbon pulvérulent, préparées pour faire la poudre de guerre, prendre feu par cela seul qu'il condensait l'air. On a vu aussi plusieurs fois le cobold ou l'arsenic en poudre prendre feu spontanément. L'éponge de platine enflamme l'hydrogène en présence de l'air. Voici enfin une expérience qui va lever tous les doutes. Ce corps, qui a l'aspect métallique, qui est d'ailleurs très brillant et assez dense, est de l'*antimoine;* il va prendre feu rien qu'en le projetant dans un vase rempli de chlore gazeux : les deux corps s'unissent, et de leur union résulte un composé que l'on nomme *chlorure d'antimoine.*

Si l'on projette du potassium sur l'eau, il s'enflamme spontanément. L'hydrogène silicé et le phosphure liquide d'hydrogène prennent immédiatement feu au contact de l'air. Si ces réactions si éblouissantes, dont vous venez d'être témoins, se faisaient lentement, aucune lumière n'apparaîtrait; elle serait transformée en chaleur, et cette dernière pourrait même être tout à fait insensible. C'est ce qui a lieu dans la production de la rouille, qui est le résultat de l'oxydation ou de la combustion lente du fer en présence de l'humidité.

Les éléments pulviculaires, ou non susceptibles de devenir gazeux, se sont rapprochés vers le centre de gravité de la masse; de nouveaux éléments se sont formés, de nouvelles combinaisons se sont opérées et *ont été une nouvelle source de lumière et de chaleur.*

Lorsqu'un foyer de lumière rayonne dans l'espace, ou au travers d'une substance parfaitement limpide, il n'est point apparent pour l'observateur qui ne se trouve point sur la direction des rayons qui en émanent; mais si ces rayons rencontrent une matière simplement translucide ou d'une limpidité imparfaite, celle-ci devient visible et se comporte comme une source de lumière. On a profité de cette propriété pour faire des cadrans d'horloges avec des glaces, sur lesquelles les chiffres sont gravés de manière à en détruire le poli. Ces cadrans, éclairés par derrière, paraissent noirs; mais les parties gravées sont très apparentes, comme si elles étaient lumineuses par elles-mêmes. C'est ainsi que les atmosphères des nébuleuses à centre lumineux peuvent devenir apparentes, parce qu'elles ne jouissent point d'une transparence parfaite, mais d'une simple translucidité. C'est encore à un phénomène de cet ordre qu'est dû le *jour*, considéré comme lumière et non comme élément pour apprécier la valeur du temps. Les rayons solaires éclairant les molécules atmosphériques en font autant de petites sources de lumière, qui éclairent même dans les lieux où les rayons solaires ne pénètrent pas directement.

C'est ce JOUR que Moïse a désigné sous le nom d'AOUR dans le premier chapitre de la Genèse. Il l'a considéré comme une source de lumière, qu'il n'a point rattachée à la cause dont elle dérive, et il l'a fait créer avant le soleil.

A cette époque, où la nébuleuse terrestre était formée d'une pulvicule solide, dispersée dans une masse gazeuse, l'intensité de la lumière qu'elle répandait a dû être plus considérable qu'à l'époque où elle était simplement gazeuse.

On peut avoir une idée de la différence qui a dû exister entre l'intensité de la lumière produite à ces deux époques, en comparant la flamme de l'hydrogène pur à celle de la flamme d'une bougie. Celle-ci éclaire plus fortement à cause de la pulvicule charbonneuse qui s'y trouve portée à une température élevée avant d'entrer en combustion.

Dans le temps où la nébuleuse terrestre s'est contractée, et comme une conséquence nécessaire de sa condensation, la vitesse de son mouvement de rotation, observée en un point de son équateur, s'est accrue.

Cet accroissement de vitesse est une conséquence de ce qu'en mécanique on désigne sous le nom de *principe des aires*. Le rayon mené du centre d'une molécule au centre de la masse autour duquel elle exécute son mouvement de rotation, décrit des surfaces ou des aires égales dans des temps égaux. Si cette molécule s'éloigne du centre, la vitesse diminue; si elle s'en rapproche, la vitesse augmente de telle manière que le produit du rayon par la courbe décrite soit toujours le même dans le même espace de temps. En d'autres termes, la *quantité de mouvement,* ou le produit de la masse par la vitesse, demeure invariable.

C'est par l'application de ce principe, et c'est en observant en outre que, depuis l'origine des temps historiques, la durée du jour n'a pas sensiblement varié, qu'Arago a pu conclure que les rayons du sphéroïde terrestre ont conservé leurs dimensions, et que, par suite, la température de notre globe n'a pas diminué d'un degré. Vous savez d'ailleurs que les corps se contractent par le refroidissement, et que, si une pareille contraction avait eu lieu, elle aurait eu pour conséquence immédiate, et en raison du principe qui vient d'être énoncé, de faire varier la durée du mouvement de rotation, ou celle du jour, qui s'y trouve immédiatement enchaînée.

Cependant, selon M. Delaunay, environ la moitié de l'accélération du moyen mouvement de la lune pourrait être attribuée à un ralentissement du mouvement de rotation de la terre, qui aurait augmenté la durée du jour d'une quantité excessivement faible; mais appréciable par le phénomène des éclipses de soleil.

Selon ce savant, ce ralentissement du mouvement de rotation de la terre serait la conséquence d'une réaction opérée par les marées [1].

[1] *Compte rendu de l'Académie des Sciences,* 11 décembre 1865, et Conférence du 3 avril 1866, in-8°. Gauthier-Villars, Paris, 1866.

QUATRIÈME FORMATION.

État liquide.

Les éléments pulviculaires qui formaient la nébuleuse terrestre, en se rapprochant et en se condensant, atteignirent des distances où les réactions chimiques purent s'exercer : il se forma des produits composés, et la température devint très élevée; car, nous l'avons dit, la chaleur représente une perte de mouvement qui rayonne dans l'espace. Il y eut aussi, par suite de ces combinaisons, une nouvelle source de lumière.

Alors apparut un nouvel état de la matière terrestre : une partie des produits prit la forme liquide, et tout ce qui ne put être liquéfié demeura à l'état gazeux.

La masse liquide prit la forme d'un sphéroïde, et comme elle était douée d'un mouvement de rotation, elle se renfla vers l'équateur.

La masse gazeuse enveloppa la masse liquide, et forma ainsi une atmosphère comparable à celle qui existe aujourd'hui, mais qui en différait beaucoup par sa composition chimique, ainsi que nous le verrons bientôt.

Cet état de la terre était tout à fait comparable à l'état actuel du soleil.

La forme sphéroïdale de la terre est due à ce que tous les centres d'attractivité des parties qui la constituent se sont réunis en un seul, vers lequel toutes les parties

COUPE ÉQUATORIALE DU GLOBE TERRESTRE.

CROUTE SOLIDE.

SUPERPOSITION DES COUCHES FLUIDES.

1 et 2. Téphralides, calcoïdes, silicides.

3. Sulfures et azotoïdures des sidéroïdes.

4. Sidéroïdes, fer, nickel, cobalt, etc.

5. Cuivre, argent, plomb.

6. Or.

7. Platinoïdes.

8. *Inconnu.

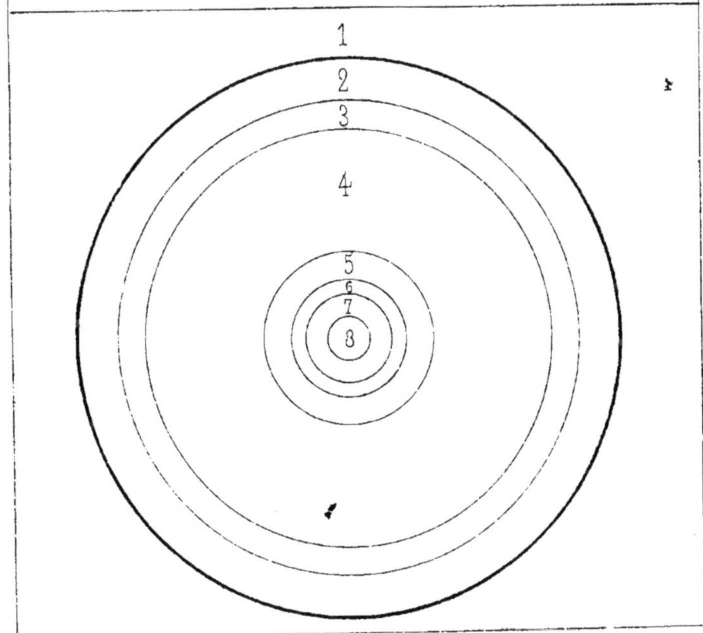

sont attirées et viennent se ranger en prenant forcément la forme d'une sphère.

Le renflement de la partie équatoriale de la terre, ou son aplatissement vers les pôles, est dû à son mouvement de rotation.

Lorsque des corps tournent autour d'un centre, la vitesse tangentielle qu'ils acquièrent tend à les éloigner de ce centre.

Voici un verre d'eau placé sur une fronde; si on le fait tourner dans un plan vertical, autour de la main qui tient la fronde, l'eau ne s'en échappera pas, parce que l'action tangentielle l'emporte sur la pesanteur.

Voici un appareil formé de deux cercles égaux en ressorts d'acier très flexibles, qui s'entrecroisent rectangulairement autour d'un axe, comme les méridiens de la terre; si on les fait tourner autour de cet axe, ils se déforment, se renflent vers l'équateur et s'aplatissent vers les pôles, et vous donnent expérimentalement, non seulement une idée de ce qui a lieu pour le globe terrestre, mais, en même temps, une démonstration de la réalité de la théorie invoquée pour expliquer les faits.

Les produits liquides, immiscibles, se séparèrent dans l'ordre de leur densité : les plus denses vers le centre, les moins denses à la surface; ils formèrent ainsi une suite d'enveloppes sphériques et concentriques.

Ce vase cylindrique contient du mercure, de l'eau et du naphte.

Vous voyez que ces corps s'y sont superposés dans

l'ordre de leur densité, en allant du plus dense au moins dense, et que le mercure est à la partie inférieure et le naphte à la partie supérieure.

Vous voyez, en outre, ici un boulet de fonte de fer qui flotte sur le mercure plus dense que lui, comme un morceau de bois flotte sur l'eau et un aérostat dans l'atmosphère.

Vous voyez encore, dans ces observations, la preuve expérimentale des faits qui vous sont signalés.

Il est éminemment probable que l'état liquide persiste encore au dessous de la croûte solide que nous habitons, et que les parties liquides y sont superposées dans l'ordre qui vient d'être indiqué, à cela près cependant du mouvement dont elles peuvent être animées.

Nous avons vu précédemment comment, en raison du principe des aires, la vitesse du mouvement de rotation de la nébuleuse terrestre a dû augmenter à mesure qu'elle s'est condensée ou que son rayon a diminué.

Ce principe, appliqué à une masse dont les éléments n'adhèrent point entre eux, permet de penser que ces éléments se meuvent avec des vitesses qui vont en s'accroissant à mesure que l'on se rapproche de son centre.

Si l'on admet qu'une même file de corpuscules, disposés sur un rayon de cette masse, partent ensemble, on trouve qu'ils sont bientôt dérangés les uns à l'égard des autres, et que la ligne qui les réunit, de droite qu'elle était, devient une espèce de *spirale*. Les corpuscules de la périphérie se trouvant en retard sur ceux plus rapprochés du centre.

S'il en est ainsi pour la partie liquide, elle doit se

mouvoir avec une excessive rapidité vers l'axe de la terre. Mais rien ne peut être affirmé à cet égard. (V. la note 3.)

Nulle observation directe ne nous a permis d'en avoir la notion précise. Cependant, en considérant que la densité moyenne de la terre est environ le double de celle des corps solides qui sont à sa surface, et en tenant compte de l'accroissement de température que l'on observe en pénétrant dans les profondeurs de la croûte qui la recouvre, on demeure convaincu que le centre du globe que nous habitons recèle des matières plus denses que celles que nous observons à sa surface, et que ces matières ont dû se séparer par une espèce de liquation opérée dans une masse liquide, et que les plus denses se sont portées vers le centre.

Quelles sont ces matières? Nous pouvons admettre qu'elles sont représentées par les éléments chimiques que nous connaissons en grande partie.

Les aérolithes qui ont été analysées, les observations spectroscopiques faites sur tous les astres lumineux par eux-mêmes, nous apprennent que tous sont formés de matières sinon identiques, du moins comparables à celles que nous connaissons.

Quoi qu'il en soit, et à quelques éléments chimiques près, nous pouvons admettre que le globe terrestre est formé par ceux que nous connaissons.

Le corps le plus dense est le platine; sa densité dépasse 21. Après lui vient l'or, qui a un poids spécifique supérieur à 19, poids qu'il n'atteint jamais dans la nature par suite de son alliage avec l'argent.

Il peut y avoir des corps plus denses que le platine.

Ces corps, nous ne les connaissons pas; mais nous pouvons affirmer que, s'ils existent, leur équivalent chimique est très élevé, que ce sont des métaux de la dernière formation, et qu'ils occupent le centre du sphéroïde terrestre.

Viennent ensuite le platine et les métaux avec lesquels nous le trouvons naturellement allié à la surface du globe, et principalement avec l'iridium et l'osmium.

Le platine est si facilement attaquable par les azotoïdes : phosphore, arsenic, antimoine, que l'on se demande comment il a pu échapper à l'action de ces corps. C'est ce dernier métalloïde que les alchimistes avaient nommé *Lupus metallorum* (loup des métaux), parce qu'il les dissout avec une si grande facilité, qu'il semble les dévorer. Le platine et ses congénères y auraient-ils été combinés, et ce que nous connaissons à la surface du globe en aurait-il été séparé par une combustion ou une espèce de coupellation, si l'on veut, opérée par l'oxygène?

L'or s'allie au platine, mais on ne l'a jamais trouvé, dans la nature, en combinaison avec ce métal. Admettons qu'ils existent séparément, et que l'or forme une couche qui enveloppe le platine.

Il existe ensuite une grande lacune, et il faut arriver au mercure, dont le poids spécifique, à la température ordinaire, est de 13,56; mais le mercure est très volatil, et n'a pu occuper la place qui lui est assignée par sa densité prise à l'état liquide.

Après viennent le plomb, l'argent et le cuivre; puis les sidéroïdes : fer, nickel, cobalt, manganèse, etc........

Après ces corps doivent exister le plomb sulfuré, les azotoïdures [1], les sulfoazotoïdures, les sulfures. Viennent ensuite les silicoïdes (silicium, titane, étain), l'aluminium; les calcoïdes : calcium, strontium, baryum; les téphralides : lithium, sodium, potassium, cœsium, rubidium. (V. note 6.)

Le chlorure de sodium a dû former une couche fluide qui, jusqu'à la solidification et la rupture plusieurs fois répétée de la couche solide du globe, a dû protéger ses éléments contre l'action de l'oxygène contenu dans l'atmosphère, et qui s'y trouvait en quantité immense [2].

A cette époque, la composition de l'atmosphère était beaucoup plus compliquée qu'elle ne l'est maintenant; elle contenait de l'oxygène, de l'acide carbonique en quantité beaucoup plus considérable qu'aujourd'hui, de l'azote, de la vapeur d'eau, de l'acide sulfureux, de l'acide arsénieux, du mercure....., et des vapeurs d'une foule de chloroïdures, et notamment de chlorures, tels que ceux de fer, de cuivre, de silicium, de titane, d'étain, d'antimoine, de zinc, etc. Ces produits ont dû, en grande partie, être décomposés par l'eau en vapeur, et transformés en oxydes et en acide chlorydrique.

Beaucoup d'oxydes que l'on trouve dispersés et cristallisés dans les terrains primitifs, ont pu n'avoir d'autre

[1] Composés formés par l'azote, le phosphore, l'arsenic, l'antimoine, le bismuth et les métaux.

[2] Le chlorure de sodium est beaucoup moins volatil qu'on ne le pense communément; il résiste à la température de la fusion des grenats, température qui est très supérieure à celle des fours à porcelaine.

origine. Tels sont les cristaux d'oxyde de fer, de titane, d'étain, peut-être même ceux d'acide silicique ou de *quartz*.

On sait depuis longtemps, par l'exemple de l'oxyde rouge de mercure, que des corps s'unissent à une certaine température, et se séparent à une température plus élevée, comme les hydrates, les carbonates en général ; il en est même qui sont complètement détruits, comme l'azotate et l'oxalate d'argent, etc. Des corps ont donc pu se former lorsque leurs éléments se sont trouvés en présence; mais la température élevée produite par des combinaisons formées au sein d'une masse en ignition a pu séparer des éléments qui étaient déjà réunis. C'est ce qui fait que du mercure a pu se trouver dans l'atmosphère, et que ce métal, très dense, en se condensant, a pu repasser à l'état liquide et donner naissance au mercure natif, de même qu'il a pu s'unir avec le soufre pour former le cinabre.

Il résulte de la théorie développée dans cette conférence que toute la chaleur de la terre, chaleur qui a réduit ses éléments à l'état liquide, était le résultat de réactions chimiques.

Comme nous l'avons dit, elle représente une action accomplie et une perte de mouvement.

Il en est de même pour la lumière.

Le frottement ou toute autre cause de vibration n'ont dû entrer que pour une quantité relativement minime dans la chaleur produite.

Ce qui a lieu pour la terre a dû avoir lieu pour le soleil, et la théorie qui veut que cet astre soit incessamment réchauffé par l'action mécanique provenant de la chute d'astéroïdes ou d'espèces d'aérolithes solaires est absolument insuffisante : s'il tombait assez d'astéroïdes sur le soleil pour entretenir la température d'une masse aussi considérable, il est évident que nous en recevrions une partie. Or, nous savons que les étoiles filantes et les chutes d'aérolithes ne produisent aucune augmentation appréciable de la température terrestre.

L'examen de tous les corps qui sont à la surface du globe terrestre démontre qu'ils sont oxydés ou brûlés. On ne trouve d'exception que parmi ceux qui existent à l'état de filon.

Les aérolithes étant formées de métaux non oxydés, tels que le fer et le nickel; ces aérolithes pouvant être considérées comme des fragments d'astres ou d'astéroïdes, et se trouvant par cela même comparables à la partie centrale du globe terrestre, on en déduit que le centre de ce globe n'est point oxydé, et que, par conséquent, les matières qui le forment ont dû se produire après la séparation de l'atmosphère.

L'oxygène atmosphérique était alors beaucoup plus abondant qu'il ne l'est aujourd'hui. Une partie très considérable de ce gaz a dû être employée à brûler les produits que la liquation avait séparés.

Le silicium donna naissance à l'acide silicique, et principalement au quartz.

L'aluminium donna de l'alumine.

Le calcium donna la chaux, et le fer divers oxydes. Le magnésium produisit la magnésie; le potassium et le sodium donnèrent la potasse et la soude. Toutefois, une grande partie de ce dernier corps est maintenant à l'état de chlorure; soit à l'état solide, sous forme de sel gemme; soit en dissolution dans l'eau des mers, de certains lacs et des sources salées.

A mesure que la terre s'est refroidie et qu'une partie de sa masse est passée à l'état solide, les éléments brûlés ont réagi les uns sur les autres, se sont combinés entre eux, et ont donné naissance à des produits que nous trouvons en abondance dans les terrains primitifs.

CINQUIÈME FORMATION.

État solide.

Les réactions chimiques produites par les combinaisons qui ont donné naissance à l'état liquide étant accomplies, la terre se refroidit par le rayonnement dans l'espace: sa surface éprouva les premières modifications, et des parties solidifiées flottèrent comme des îles sur une mer de feu. Vues d'un autre astre, ces îles eussent eu l'apparence des taches que nous observons sur le soleil à l'aide des télescopes.

Les produits les moins fusibles se sont formés et séparés les premiers de la partie liquide.

La silice, l'alumine et les oxydes des téphralides (potassium, sodium, lithium), s'unirent pour former le feldspath, qui est la roche la plus abondante du globe, et qui paraît former la base de la couche solide qui le revêt.

Le quartz a dû se solidifier avant le feldspath.

Le mica, quoique moins fusible que le feldspath, a cependant dû se former postérieurement à ce corps, comme cela est rendu évident par la structure des micaschistes et des gneiss.

Je tiens à faire remarquer ici que la théorie que je développe présente des points qui ont besoin d'être élucidés, et qui offrent une grande incertitude.

Par exemple, le feldspath des terrains massifs ou primitifs n'a nullement l'aspect de celui qui a été fondu artificiellement.

Voici un grand nombre d'échantillons de feldspaths; ils présentent tous une structure plus ou moins cristalline.

Voici un creuset où l'on a fondu du feldspath, et vous pouvez voir que ce corps n'a nullement l'aspect de celui qui n'a point été fondu; il est vitreux, opalin, et semble résulter de la réunion de deux corps inégalement fusibles.

Ce que je dis du feldspath, je puis le dire du grenat.

Voici des grenats naturels, en voici de fondus, en voici d'artificiels. Ces deux derniers sont loin d'avoir l'éclat, la dureté et la densité du premier. Ce sont des corps vitreux, limpides, amorphes, et nullement cristallisés, quoiqu'on ait opéré sur des quantités considérables et qu'on les ait abandonnés à un refroidissement très lent.

Le feldspath, modifié par les circonstances, aurait pu produire secondairement le jade, le pétrosilex, l'obsidienne, et les roches spumeuses et scoriacées des volcans, qui, malgré l'identité ou l'analogie de leur composition, en diffèrent essentiellement par leurs caractères physiques.

La silice, avec les aluminoïdes et les calcoïdes ou les sidéroïdes fonctionnant de la même manière, a produit les grenats.

Le même acide, en présence des bases calcoïdes et sidéroïdes seulement, a donné naissance aux amphiboles et aux pyroxènes.

Avec l'intervention du fluor, les mêmes éléments ont pu donner naissance aux topazes et au mica; mais ce corps est d'une formation postérieure au feldspath et à l'acide silicique.

Les micaschistes sont des roches à structure schistoïde formées de quartz et de mica. Évidemment, l'un des deux corps a été formé après l'autre; sans cela, ils n'auraient pu s'enchevêtrer comme ils le sont.

Le quartz est évidemment fragmentaire; il a dû être brisé, et le mica, qui s'est formé postérieurement, a pu pénétrer dans tous les interstices libres qui lui étaient laissés.

C'est ici que la théorie de la formation lente, sous l'influence de l'électricité, théorie due à M. Becquerel père, peut recevoir son application.

Cependant, on peut se demander si l'électricité est la cause des réactions chimiques ou si elle en est le résultat. Mais il est plus rationnel de la considérer tout à la fois comme un effet et comme une cause. Elle est l'effet des réactions qui s'accomplissent; elle intervient pour en produire de nouvelles.

On pourrait se demander encore si les micaschistes n'ont point été formés par des fragments de quartz plongés dans du mica en fusion qui aurait cristallisé ultérieurement; mais cette opinion, qui a peu de probabilités pour elle, devient impossible si l'on considère les roches nommées *gneiss*. Ces dernières sont comparables au micaschiste, à cela près que le quartz y est remplacé par du feldspath. Or, comme le feldspath est plus fusible que le mica, on ne peut admettre qu'il a existé en fragments dans ce dernier corps en fusion, car il eût dû nécessairement être fondu.

La présence du fluor dans les micas servira peut-être un jour pour expliquer leur mode de formation.

Le mélange de quartz, de feldspath et de mica, qui forme le granite, contenant plutôt du quartz fragmentaire que des cristaux de ce corps, on est porté à penser que cette roche, qui semble être la base fondamentale de la croûte solide du globe, ne s'est point formée par le simple refroidissement de sa partie superficielle, mais qu'elle a dû être le résultat de plusieurs actions successives : le quartz, d'abord solidifié, a pu être brisé par l'*étonnement,* puis il a dû être ensuite empâté par du feldspath en fusion. Le refroidissement très lent de la masse a pu permettre à ce corps de cristalliser et de prendre un aspect différent de celui que nous obtenons par la fusion. Quant au mica, peut-être s'était-il réuni au quartz avant l'intervention du feldspath.

L'étude approfondie des roches primitives et de leurs éléments jetterait la plus vive lumière sur la formation du globe terrestre.

Lors de la solidification des parties liquides, une nouvelle source de chaleur se révéla. C'est cette chaleur que l'on nomme *latente,* et qui abandonne les corps lorsqu'ils changent d'état, en se liquéfiant s'ils sont gazeux, et en se solidifiant s'ils sont liquides.

Malgré cette apparition de chaleur, qui après tout ne représente qu'une perte de mouvement, la terre continua de se solidifier, les îlots se rapprochèrent les uns des autres et finirent par se souder; enfin, la masse entière fut enveloppée d'une espèce de croûte solide.

D'abord fort mince, cette croûte devint de plus en plus épaisse.

La lune et le soleil exerçant une action attractive sur le globe terrestre, il en résulta que les parties fluides tendirent à s'en rapprocher et se soulevèrent : c'est cette action qui produit les marées de l'époque actuelle.

Le flux et le reflux qui eurent lieu incessamment ont dû exercer une grande influence sur la formation de la croûte terrestre : d'abord fort mince, elle a dû se briser; les fragments ont dû se dresser les uns contre les autres, et faire que cette première surface fût très irrégulière.

Ces aspérités ne représentaient point encore les montagnes que nous observons aujourd'hui. Ces montagnes se sont formées beaucoup plus tard, ainsi que l'on en a la preuve évidente par la nature des terrains qui les forment.

En effet, la plupart des montagnes, même les plus élevées, sont revêtues sur leurs flancs de terrains stratifiés, qui ont été formés en couches horizontales dans l'eau, et qui n'ont pu s'incliner que par une action postérieure à leur formation, qui est elle-même plus récente que celle des terrains dont il est question en ce moment.

Beaucoup de géologues se sont occupés de la formation des montagnes. Les uns ont pensé qu'elles étaient dues au retrait que le globe terrestre a dû prendre par le refroidissement, et que son enveloppe, trop grande pour les parties qu'elle renfermait, a dû s'affaisser pour former les plaines en laissant des saillies qui représentent les montagnes. D'autres géologues, et spécialement M. Élie de Beaumont, ont attribué leur formation à des soulèvements dont la cause n'est pas démontrée d'une manière évidente. D'autres, enfin, comme de Boucheporn, en ont cherché les causes en dehors du globe terrestre, et les ont attribuées à des chocs produits par des astres errants.

D'autres opinions encore se sont fait jour, mais elles sont moins importantes.

Sans me permettre de porter un jugement définitif dans une aussi grave question, je ferai remarquer que la plupart des auteurs d'un système sont généralement trop exclusifs en voulant que tout ait été produit selon la théorie qu'ils se sont plu à développer. Il est éminemment probable qu'il existe des montagnes fort différentes par leur origine : il a dû s'en produire par affaissement ; il est, en outre, certain que des montagnes ont été produites par des soulèvements. Il y en a peut-être même qui doivent leur origine au choc d'un astre errant.

Pour ce qui concerne les soulèvements, on peut dire qu'Avicenne s'occupait déjà de cette théorie [1]; que les Chinois ont dans leurs annales un catalogue des montagnes qui se sont soulevées depuis qu'ils inscrivent leurs observations; d'une autre part, presque toutes les îles de

[1] V. *Bibliotheca chemica curiosa Mangeti*, 2 vol. in-fol., t. I, p. 637.

l'Océanie, depuis la Nouvelle-Zélande jusqu'aux îles Sandwich, sont éminemment volcaniques et évidemment formées par des soulèvements. De nos jours, l'île Julia est apparue dans la Méditerranée; il est vrai qu'elle n'a pas tardé à disparaître, et nous sommes maintenant témoins des révolutions qui s'accomplissent dans l'île Santorin.

Il faut cependant considérer qu'il existe une très grande différence entre les terrains volcaniques et les terrains qui forment les principales chaînes de montagnes du globe, et que ces montagnes ont pu être produites d'une toute autre manière.

J'ai depuis longtemps pensé que la géométrie donnait le moyen de juger la question. En effet, si les montagnes sont produites par l'affaissement des plaines, les parties qui sont au sommet ont dû demeurer l'une contre l'autre, comme ces deux planches qui sont articulées ensemble par une charnière. Les extrémités libres peuvent s'affaisser sans que les sommets cessent de se toucher.

Si les montagnes se sont formées par voie de soulèvement, le contraire a dû arriver : les parties qui sont au sommet ont dû s'écarter.

Voici deux planches qui se joignent bout à bout, et qui sont articulées par l'autre extrémité avec une planche d'une seule pièce. Si l'on soulève les planches supérieures, leurs extrémités vont en s'écartant, et l'on peut dire que l'*écartement est proportionnel à la somme des sinus verses des arcs parcourus par chacune d'elles.*

Il ne s'agirait donc que de savoir si les montagnes se présentent dans l'une ou dans l'autre condition; mais les faits qui se sont accomplis se sont exercés sur une telle échelle, le brisement des couches a eu lieu sur une si vaste surface, qu'en général l'observation ne permet pas de faire l'application du théorème qui vient d'être indiqué; car, entre les extrémités des couches que l'on peut supposer soulevées, il y a une distance assez considérable remplie de roches brisées, disloquées, et se présentant dans tous les sens.

Quoi qu'il en soit, la saillie que forment les roches primitives aux sommets les plus élevés, et ce que l'on observe sur les chaînons latéraux des montagnes, sont tout à fait en faveur du soulèvement.

Nous avons vu précédemment que la température de la croûte terrestre croissait à mesure que l'on pénétrait dans son épaisseur, que cette augmentation était d'environ 1 degré par 33 mètres, et que si cette température allait ainsi en augmentant régulièrement, elle atteindrait 192,299 degrés à son centre (V. p. 28).

A cette température, tous les corps seraient non seulement en fusion, mais complètement vaporisés. Les géologues admettent généralement la persistance de cette loi; mais cette opinion doit être repoussée, car, arrivée à la partie du globe qui est en fusion, les éléments qui la forment peuvent se mêler et transmettre la chaleur de manière à la rendre uniforme ([1]).

Si les corps formant l'écorce du globe étaient fusibles à 2,000 degrés, la croûte solide n'aurait que 66 kilo-

([1]) Voy. Baudrimont, *Traité élémentaire de Minéralogie*, p. 185.

mètres d'épaisseur, et serait 1/98 du rayon terrestre, parce que ce serait à cette épaisseur que l'on rencontrerait la température de 2,000 degrés. Ce nombre est d'ailleurs obtenu en multipliant par 33 mètres la température supposée; pour 2,500 degrés, la couche solide aurait 82k5, et serait 1/77 de ce rayon; pour 3,000 degrés enfin, température à laquelle le quartz, un des corps les plus réfractaires et des plus abondants des terrains inférieurs, serait certainement en fusion, la couche solide atteindrait 99 kilomètres, et serait alors 1/64 du rayon terrestre.

Pour avoir une idée nette de ce rapport, il suffit de supposer une sphère de 64 centimètres de rayon, dont l'enveloppe n'aurait qu'un centimètre d'épaisseur. Vous pouvez en juger par le rapport des mesures que je mets sous vos yeux.

La première supposition est beaucoup plus probable que la dernière, parce qu'à 3,000 degrés la croûte solide ne pourrait point exister, et serait à l'état de fusion complète.

C'est là une limite que nous ne pouvons dépasser, et qui nous permet de juger combien est faible la pellicule terrestre sur laquelle nous vivons, et combien notre existence est précaire. C'est ce que viennent nous rappeler de temps en temps des tremblements de terre, des éruptions volcaniques et des soulèvements de terrain, comme celui qui donna naissance à l'île Julia, qui est apparue tout à coup dans la Méditerranée pour disparaître peu de temps après, et aux événements si remarquables qui s'accomplissent actuellement dans l'île

Santorin de l'Archipel grec, dont je viens de vous entretenir il n'y a qu'un instant.

La chaleur centrale de la terre, en s'échappant au travers des couches de la partie solide, qui est formée de roches hétérogènes, doit s'y diviser comme dans un couple thermo-électrique, et il doit en résulter des courants constants d'électricité thermique.

Cette électricité réagit sur les aimants; d'où il résulte qu'il y a probablement une relation entre l'électricité ainsi produite et l'état magnétique du globe terrestre.

Si l'on parvient un jour à démontrer que l'axe de rotation de la partie fluide du globe terrestre forme un angle d'environ 15 degrés avec l'axe de rotation que nous pouvons appeler astronomique; si l'on reconnaît que ces deux axes se croisent au centre du globe, et que le premier décrit un double cône autour du second, dans une période de 600 ans, on aura trouvé l'explication de la variation de la déclinaison magnétique, qui vient d'être étudiée d'une manière si complète par mon honorable collègue, M. Raulin.

L'action que le soleil et la lune exercent incessamment sur l'anneau formant le renflement équatorial de la terre, action qui produit la précession des équinoxes, doit opérer avec plus d'intensité sur la partie fluide que sur la partie solide, parce que son renflement équatorial est relativement plus grand que celui de cette dernière, dont l'épaisseur doit être plus grande vers les pôles, à cause de la très basse température qui y règne.

Il se peut encore que le déplacement incessant de l'équateur de la partie fluide, renfermée dans la partie solide, ait pu concourir à la production des accidents de forme que nous observons à la surface de la terre, à l'époque où son écorce était moins solide qu'elle ne l'est aujourd'hui.

Ce balancement de l'axe de rotation de la partie fluide n'est peut-être pas sans relation avec des phénomènes que nous observons de nos jours. En faisant des recherches historiques, on trouvera peut-être aussi que des phénomènes tels que des tremblements de terre et l'apparition des volcans, se reproduisent périodiquement tous les six cents ans.

On peut aussi rapporter à ce balancement et au mouvement interne de la partie fluide les matières variables qui, à différentes époques, sont venues remplir un même filon, ou des filons entrecroisés, dont les *failles* n'étaient point contemporaines.

L'irrégularité des continents, la variation de leur composition chimique, les grandes chaînes de montagnes, la présence des mers, permettraient même d'expliquer l'existence de plusieurs pôles magnétiques et leur variation d'intensité, qui ont été signalés par M. Hansteen.

Je termine ici ces applications théoriques, qui pourraient être beaucoup plus nombreuses. Il suffit d'avoir indiqué cette voie; il n'est pas douteux qu'elle sera féconde en applications nouvelles pour ceux qui voudront la parcourir. (V. note 3.)

SIXIÈME FORMATION.

Condensation de l'eau.

La terre continuant à se refroidir, plusieurs produits qui étaient à l'état de vapeur dans l'atmosphère se condensèrent à l'état solide ou à l'état liquide.

Cette dernière fut ainsi purifiée de vapeurs qui n'auraient pas permis aux êtres vivants d'exister à sa surface.

L'eau commença à se condenser sur les points les plus élevés; elle coula alors selon les pentes qui lui étaient offertes, et descendit dans les vallées; elle y produisit des phénomènes excessivement variés : les uns mécaniques et les autres chimiques.

Rencontrant des masses minérales encore très chaudes, elle les rompit par le refroidissement qu'elle leur fit éprouver.

Voici de très gros galets de quartz portés à une température très élevée; ils sont très durs et très résistants : si nous les plongeons dans l'eau, ils deviennent friables. Ce phénomène porte le nom d'*étonnement*. Nous en faisons usage à chaque instant pour pulvériser des produits très durs, et l'industrie même s'en est emparée. C'est ainsi que les silex sont préparés à être broyés dans la fabrique de porcelaine dirigée par M. Vieillard.

Après un refroidissement plus prolongé, l'eau a pu

couler en grande masse et former des torrents; ces torrents ont entraîné les galets; ces galets, d'abord très anguleux, se sont arrondis par le frottement, et se présentent comme ces produits que vous voyez, et que l'on nomme *cailloux roulés*.

Cette eau, dégradant la surface des plaines, a fini par s'y creuser un lit dans les parties les plus déclives. Lorsqu'elle a rencontré des espaces où elle a pu s'accumuler, elle a donné naissance à des lacs et à des mers.

A l'origine de ces phénomènes, l'eau de la mer a été produite par les montagnes. Ou, pour mieux dire, elle s'est condensée d'abord sur les hauteurs, et s'en est écoulée. Aujourd'hui, l'eau qui se condense et se réunit sur les montagnes vient de la mer, qui la fournit par évaporation, et où elle retourne sans cesse par une espèce de mouvement perpétuel.

L'eau s'empara de tout ce qu'elle put dissoudre. Le chlorure de sodium et les sels de magnésie donnèrent l'eau de la mer. Comme les eaux s'évaporent pour produire les nuages qui donnent la pluie, les sels ne pouvant s'évaporer, il se produit ainsi de l'eau douce propre à entretenir la vie, qui redissout tout ce qu'elle trouve de soluble sur son passage, et forme les eaux des sources, des ruisseaux et des fleuves. Elle dissout aussi de l'air qui peut servir à la respiration des animaux aquatiques.

L'eau, en s'évaporant, détermine la séparation des mouvements dont dérive l'électricité statique ou mécanique; la vapeur entraîne avec elle le mouvement qui produit l'électricité positive, et l'eau de la mer se trouve chargée du mouvement auquel on doit rapporter l'électricité négative.

La vapeur d'eau se refroidissant en parvenant dans les régions élevées de l'atmosphère, y prend la forme *vésiculaire*. Les vésicules aqueuses représentent alors de petits aérostats qui se repoussent mutuellement, par suite du mouvement électrique dont ils sont chargés.

Les nuages flottent dans l'atmosphère en conservant leur mouvement électrique, parce que ce mouvement ne peut être transmis par l'air lorsqu'il est suffisamment sec.

Le mouvement électrique des nuages exerce une *influence* à distance sur les corps environnants, dont le mouvement neutre se trouve alors décomposé de manière à présenter le mouvement complémentaire de celui qui anime les nuages, en face de ces derniers.

Lorsque la tension des mouvements est assez forte pour vaincre la résistance produite par l'air interposé, ils se reconstituent en se concentrant dans un espace très étroit, et par l'intermédiaire d'une quantité de matière relativement petite. La violence du mouvement qui se produit en cette circonstance fait qu'il embrasse tous les ordres de corpuscules, et qu'il est transformé finalement en chaleur et en lumière.

Lorsque, par le refroidissement seul, les vésicules de la vapeur aqueuse doivent se transformer en liquide, le mouvement électrique s'écoule alors sur une vaste étendue avec l'eau qui tombe sous forme de pluie, et les effets de la foudre ne peuvent s'exercer.

C'est, sans doute, ce qui fait qu'à notre époque et

pour notre région, les nuages venant de l'ouest n'apportent que de la pluie, tandis que ceux qui viennent du sud-ouest et qui ont une température plus élevée, nous apportent la foudre.

La théorie de la foudre, telle qu'elle vient d'être esquissée, est excessivement incomplète, et, malgré les travaux d'un grand nombre de physiciens et de météorologistes, il reste encore beaucoup à faire pour avoir une explication suffisante des faits observés.

L'étude de la constitution chimique du globe terrestre présente un fait considérable, et qui a grandement préoccupé les géologues théoriciens. Ce fait consiste en ceci, que le calcium n'existe point dans les terrains anciens ou antézoïques proprement dits, et qu'il abonde dans les terrains stratifiés ou formés postérieurement à l'apparition de la vie sur le globe.

Ne pouvant donner une explication suffisante de ce fait, on s'est demandé si ce corps, que tout le monde s'accorde à considérer comme un élément chimique, n'avait point été formé postérieurement aux temps primitifs.

Le quartz et le feldspath, qui paraissent former la partie principale de la croûte terrestre, ne contiennent point de calcium. Cependant, on en trouve dans certains grenats et dans des amphiboles. Toutefois, la quantité de ce produit qui s'y trouve est loin d'être en harmonie avec celle qui existe dans les terrains stratifiés.

Voici la supposition qu'on peut faire à cet égard :

Le calcium, en brûlant dans l'oxygène, a dû donner de la chaux vive. Cette chaux a pu être éliminée par la formation des divers feldspaths, qui ne l'admettent point dans leur constitution.

Aussitôt que l'abaissement de la température l'a permis, elle a dû s'hydrater par la vapeur d'eau d'abord, et se carbonater ensuite, par l'acide carbonique, qui était excessivement abondant. Le carbonate de chaux ainsi produit, quelque part qu'il ait existé, a dû être dissous par le concours de l'eau et d'une nouvelle quantité d'acide carbonique. Il a dû se former ainsi de l'eau analogue à celle des fontaines incrustantes.

Ce produit, que l'on nomme bicarbonate de chaux, a dû directement se déposer pour former certains calcaires compactes, que l'on trouve principalement dans les terrains dits de *transition*, et qui entrent dans la composition de la plupart des marbres; ou bien, employé par les êtres vivants, il a formé leur carapace ou leur coquille, et l'assemblage des restes abandonnés par ces êtres a pu donner naissance à tous les calcaires stratifiés que nous connaissons.

Ce n'est qu'après un refroidissement très considérable que les roches carbonatées et hydratées ont pu se former, et l'on conçoit facilement qu'il ait dû en être ainsi, puisque si l'on élève la température, on détruit les hydrates et les carbonates.

Il y aurait cependant une exception pour les produits qui se seraient trouvés emprisonnés dans des cavités parfaitement closes. Dans ce cas, l'eau ou l'acide carbonique ne peuvent s'échapper, et demeurent combinés malgré l'élévation de la température.

C'est ce que l'on pense qui a eu lieu pour le marbre saccharoïde ou statuaire.

Vous savez tous, Messieurs que la craie chauffée à l'air libre donne de l'acide carbonique, qui s'échappe sous forme de gaz, et de la chaux vive, qui reste fixe. Si, au lieu d'opérer à l'air libre, on remplit un cylindre de fer ou un canon de fusil avec de la craie, et si on le bouche hermétiquement, on peut le chauffer sans que le calcaire se décompose : il fond, et donne un produit à structure saccharoïde, comme le marbre statuaire. On en a conclu que ce marbre avait été formé ainsi à une époque où les roches qui l'enveloppent, et notamment les schistes ordinaires, ont dû être soumises à une température élevée.

L'eau liquide, s'infiltrant dans toutes les anfractuosités du globe, a dû rencontrer des parties fortement chauffées qui l'ont réduite en vapeur. La force élastique de cette vapeur a pu produire des soulèvements de terrains, le renversements des masses qui les forment, et des bouleversement terribles. Les geysers de l'Islande, où l'on voit d'immenses colonnes d'eau chaude, accompagnées de vapeur d'eau, sont encore dus à la force élastique de cette dernière.

Cependant, il n'est pas possible que l'on attribue à cette force le soulèvement des montagnes; car, pour qu'un soulèvement soit produit dans une telle condition, il faut une base sur laquelle la vapeur s'appuie, et dans les montagnes tout est soulevé, jusqu'aux parties les plus basses, qui sont devenues dominantes.

Ainsi que de Boucheporn l'a fait observer, les montagnes paraissent plutôt produites par des pressions latérales que par des actions locales.

Les fontaines d'eau chaude que l'on observe dans une foule de localités, à Dax et à Chaudes-Aigues en France, doivent n'avoir pas d'autre origine que celle qui vient d'être indiquée.

Des oxydes ont pu être produits par l'action de la vapeur d'eau tout aussi bien que par l'oxydation directe.

Les cristaux de fer oligiste (dit *sublimé*) $Fe_2\ O_3$, que l'on trouve dans les laves des volcans en activité, ont, selon la remarque de Gay-Lussac, été produits par la réaction du sesqui-chlorure de fer volatil et de la vapeur d'eau, qui ont donné de l'oxyde de fer et de l'acide chlorhydrique.

Les grands gisements de fer oligiste, comme ceux de l'île d'Elbe, ont-ils été produits par des réactions du même ordre?

L'aimant, ou l'oxyde de fer magnétique, a pu être produit par l'action directe de la vapeur d'eau sur le fer.

Nous pouvons à volonté faire naître ces deux réactions, et obtenir les oxydes qui viennent d'être signalés à votre attention.

Voici les appareils à l'aide desquels nous pouvons réaliser ces expériences : le perchlorure de fer, décomposé par la vapeur d'eau, donne des cristaux brillants comparables au fer oligiste. Des fils de fer fins, chauffés au rouge dans la vapeur d'eau, donnent de l'oxyde magnétique $Fe_3 O_4$.

On a émis l'opinion que l'oxyde produit dans cette circonstance n'avait pas la formule indiquée; mais cela est dû à ce que l'observateur n'a pas épuisé l'action de la vapeur d'eau sur le fer; sans cela, il eût trouvé le résultat que nous avons adopté.

L'action de la vapeur d'eau sur du sulfure de fer à une température élevée a pu aussi donner naissance à des masses d'oxydes de fer. L'hydrogène sulfuré provenant de ces réactions, décomposé par l'air, a pu donner naissance à des dépôts de soufre.

Les roches hydratées n'ont évidemment pu se produire qu'à une température inférieure à celle où elles se décomposent. Tel est le cas des serpentines, des talcs et des stéatites.

Ces roches, quoiqu'ayant précédé l'apparition des êtres vivants à la surface du globe, n'ont donc pu, en aucune manière, être produites par le feu.

Le gypse ou sulfate de chaux hydraté, la pierre à plâtre, en un mot, qui appartient à une époque plus moderne, ainsi que sa situation dans les terrains stratifiés l'indique, n'a pu aussi se former qu'à une température très peu élevée, car il se déshydrate très facilement.

La *gœthite* ou l'oxyde de fer mono-hydraté ($Fe_2 O_3 HO$) que l'on rencontre dans des terrains fort différents les uns des autres, a, dans certaines circonstances, été formée par la destruction des pyrites hémiédriques dites *cubiques*, sous l'influence de l'eau, par une action très lente. La limonite qui est tri-hydratée, l'a été par celle d'une pyrite abondante en Espagne, et qui est un sesquisulfure de fer correspondant à la limonite même. Cette dernière pyrite donne lieu à une réaction très simple, par laquelle le sulfure se transforme directement en oxyde : $Fe_2 S_3 + 6 HO = Fe_2 O_3 3 HO + 3 HS$.

Voici des échantillons de ces diverses pyrites venant du nord de l'Espagne, qui sont en partie transformées en limonite.

En voici deux très remarquables qui viennent de l'île d'Elbe : l'un est de la pyrite très brillante, cristallisée en dodécaèdre pentagonal; l'autre est du fer hydroxydé, présentant exactement la même forme, et qui provient, sans aucun doute, de l'altération de la pyrite.

Des cristaux de limonite cubique, que l'on trouve dans les environs de Bagnères, possèdent tous les accidents de forme des cristaux de la pyrite jaune, et sont dus à la transformation de cette pyrite en oxyde de fer hydraté.

La pyrite blanche, quoiqu'elle ait la même composition chimique que la précédente, se décompose d'une toute autre manière : l'humidité et l'oxygène de l'air intervenant, elle se transforme en sulfate acide de protoxyde de fer.

Cette réaction est utilisée dans les fabriques d'alun et de sulfate de fer, ainsi que dans la production des cendres noires et des cendres rouges de Picardie, usitées en agriculture. C'est sans doute aussi cette réaction qui a donné lieu au sulfate de fer qui existe en dissolution dans les eaux du *Rio-Tinto* en Espagne.

Les *carbonates*, excepté le marbre saccharoïde, se sont formés après que la haute température du globe se fut abaissée, car ce sont des produits qui se décomposent en général par une élévation de température.

Les carbonates de potasse, de soude, de lithine et de baryte sont les seuls qui résistent à l'action du feu violent d'une forge.

Si les deux premiers ont existé, étant solubles dans l'eau, ils ont dû se transformer rapidement en d'autres sels par la voie humide, en s'emparant des acides et en carbonatant les bases. Peut-être ont-ils servi à produire d'autres carbonates.

Le carbonate de fer a dû être produit par des eaux minérales qui le tenaient en dissolution à l'aide de l'acide carbonique.

Celui qui existe en roguons dans la houille a pu être formé par la destruction du sulfure de fer, sous l'influence d'infiltrations d'eau chargée d'acide carbonique.

J'ai vu aux forges de Decazeville des blocs de fer carbonaté jaunâtre, à structure cristalline bien prononcée, contenant des bélemmites. La présence de ces fossiles démontre que ce fer carbonaté n'a pu être produit à une température élevée, et qu'il n'a pu être fondu sous une forte pression, comme on l'admet pour le marbre saccharoïde, car les bélemmites eussent fondu comme la masse qui les entourait.

L'azurite ou cuivre carbonaté bleu, et la malachite ou cuivre carbonaté vert, se rencontrent dans les marnes irisées. J'ai eu l'occasion de les observer dans les environs de Biel, au nord de l'Aragon, dans une chaîne de montagnes que l'on rattache aux Pyrénées. Là, ils sont en veines dans des grès qui alternent avec des poudingues. Après les avoir analysés et étudiés autant qu'il m'a été possible de le faire, j'ai acquis la conviction qu'ils sont produits par la destruction lente de l'espèce minérale que l'on nomme cuivre gris, de la variété dite *tennantite*, et qui est un sulfo-arséniure de cuivre.

Les sables siliceux que l'on observe à tous les étages accessibles du globe terrestre, n'ont pas été étudiés comme ils mériteraient de l'être. Leur étude, même superficielle, donnerait des renseignements précieux sur leur origine. Les uns sont roulés, comme ceux du bassin d'Arcachon, et peuvent, par le frottement, donner aux métaux l'éclat que l'on obtient par le brunissoir; les autres, comme ceux qui se trouvent sous les grès des environs de Fontainebleau, ou qui font partie des grès dits *cristallisés,* qui sont empâtés dans du calcaire qui a pris la forme d'un rhomboèdre aigu, sont cristallisés, et l'examen microscopique démontre qu'ils n'ont subi aucune altération. Quelques sables sont très fins; les autres sont en grains volumineux et roulés comme ceux que l'on rencontre en général dans les environs du fleuve dont les eaux traversent notre contrée; les uns contiennent du calcaire, facile à reconnaître par l'effervescence qu'ils font en présence des acides; les autres contiennent une argile très fine, comme celui des Landes, et il en est qui contiennent du mica, reconnaissable aux paillettes brillantes qui le représentent; les autres sont en quartz jaunâtre ferrugineux; on y trouve aussi des grains noirs analogues à la *pierre de touche;* d'autres, enfin, contiennent une foule de substances qu'une forte loupe et le microscope permettent d'y reconnaître.

Les argiles méritent aussi l'attention des géologues. Aujourd'hui la formation du kaolin a été étudiée; on sait qu'il est dû à la destruction d'une roche feldspathique, la *pegmatite*, qui est formée de feldspath et de quartz, par l'action lente de l'eau, des variations de température, et de l'acide carbonique très probablement. Peut-être aussi, par une transformation isomérique, comparable à celle du soufre cristallisé à 110 degrés de température, qui change de forme pour prendre celle du soufre cristallisé naturellement, le feldspath orthose perd de la potasse et donne finalement du kaolin, qui est ainsi formé de silice très divisée et d'alumine hydratée. Le kaolin est l'origine principale des argiles dont la composition a pu varier, par l'addition de substances de diverses natures, notamment de sable fin, quelquefois micacé, de matières organiques qui les colorent en noir ou en gris bleuâtre, d'oxyde de fer hydraté, qui les colore en rouge. Très souvent elles sont mêlées avec du calcaire, et forment les *marnes;* mais la plupart de ces produits ne se montrent généralement point dans la période anté-zoïque.

Dans les temps primitifs, mais sous l'influence de l'eau, les argiles se sont déposées en couches très minces, imprégnées de substances talqueuses et micacées, renfermant une matière organique dont l'origine est inconnue. Ces argiles, soumises à une température élevée, ont donné le schiste ardoise. Nous atteignons ainsi les premiers témoignages de la vie à la surface du globe.

En général, la structure schisteuse et le dépôt successif des couches qui lui ont donné naissance ont permis de produire des empreintes d'une grande netteté. On trouve dans les schistes houillers, beaucoup plus récents que ceux qui nous occupent, des empreintes admirables de plantes dont les espèces n'existent plus à la surface du globe, qui sont conservées comme dans des herbiers, et qui nous ont permis d'avoir une connaissance assez nette de la flore de cette époque. Dans le schiste ardoise même, on trouve jusqu'à des empreintes de poissons.

On remarque dans la structure de la terre trois dispositions spéciales des parties qui la forment. Ces dispositions sont représentées par les *montagnes*, par *les terrains volcaniques* et par *les filons*.

Nous nous sommes occupés de la constitution des montagnes et de la théorie de leur formation. Vous vous rappelez qu'elles ont une structure toute particulière. En général, leurs flancs sont constitués par des couches ou des strates relativement modernes, qui sont inclinées, tandis que leurs sommets sont formés par des masses à structure cristalline, ainsi que cela est indiqué d'une manière générale dans ce grand tableau qui est sous nos yeux, et qui est dû au géologue Buckland.

De telle manière, que les roches anté-zoïques, qui sont subordonnées aux terrains stratifiés, parce qu'elles leur sont antérieures comme époque de formation, et inférieures comme ordre de superposition, peuvent cependant leur être supérieures comme niveau.

Nul géologue ne doute que la partie centrale ou la plus élevée des montagnes ne soit représentée par des masses minérales, qui appartiennent aux parties les plus profondes et les plus anciennes de la croûte terrestre.

Dans les roches les plus anciennes ou les plus élevées et les plus centrales des montagnes, dominent, dans leur ordre de formation, le quartz, les feldspaths, les micas, les amphiboles, les serpentines, la stéatite et le talc.

Ce qu'il y a de remarquable dans ces substances considérées au point de vue chimique, ce sont les nombreuses variétés qu'elles offrent; variétés qui sont évidemment dues à ce qu'elles se sont formées avec les produits qui étaient en présence, et à ce que ces produits ont varié selon les lieux et les circonstances. Un type y domine; mais les éléments qui le forment sont très variables. Là, les métaux d'un même ordre se substituent les uns aux autres comme formant des bases salines; ils appartiennent à trois classes principales : les téphralides, les calcoïdes et les aluminoïdes.

Les *téphralides* comprennent essentiellement le potassium, le sodium et le lithium.

Le cœsium, le rubidium et le thallium, récemment

découverts, et qui n'existent qu'en petite quantité dans la nature, viennent aussi s'y ranger.

Les *calcoïdes* se subdivisent en plusieurs groupes :

Les calcoïdes proprement dits : calcium, strontium, baryum et plomb; — les sidérides : fer, manganèse, cobalt, nickel, etc.; — et les magnésides : magnésium, zinc, cadmium.

Le calcium, le magnésium, le fer et le manganèse, sont ceux qui jouent un rôle principal dans la formation des roches.

Les *aluminoïdes* sont essentiellement représentés, dans l'ordre de leur importance géologique, par l'aluminium, le ferricum, le manganicum et le chrôme.

Le ferricum et le manganicum sont des isomères du fer et du manganèse proprement dits, qui ont un équivalent qui n'est que les deux tiers de celui de ces derniers métaux, et qui forment les composés de la formule générale $\Delta_2 X_3$, et principalement les oxydes $Fe_2 O_3$ et $Mn_2 O_3$, qui correspondent à l'alumine $Al_2 O_3$, et à l'oxyde de chrôme $Cr_2 O_3$.

Je crois devoir rappeler ici en quelques mots ce qui a été dit du quartz, du feldspath et du mica, en les considérant spécialement au point de vue des éléments chimiques qui entrent dans leur composition.

Le quartz est simplement du silicium combiné avec l'oxygène : c'est de l'acide silicique, qui se retrouve non seulement sous toutes les formes à tous les étages du globe, mais c'est un acide puissant, qui a produit une foule de silicates, et que l'on rencontre à l'état de combinaison dans toutes les roches massives ou primitives.

Les feldspaths sont principalement formés de silicate d'alumine auquel se trouvent joints des silicates de bases téphralides : la potasse, la soude, la lithine, quelquefois des bases calcoïdes, la chaux, la magnésie, le fer et le manganèse oxidés, mais en petite quantité et comme parties accessoires, ou comme indiquant des mélanges avec d'autres roches élémentaires.

Dans les micas apparaît le fluor. Ces produits sont caractérisés par les grandes lames qu'ils forment et leur apparence métallique. Il en existe de nombreuses variétés, qui sont représentées par les silicates d'alumine et de bases téphraliques, auxquelles sont joints du magnésium et du manganèse.

Les *amphiboles* sont de simples silicates à bases calcoïdiques.

Il en existe de très nombreuses variétés caractérisées par leur couleur, leurs formes prismatiques, qui leur donnent quelquefois l'apparence de fils flexibles, comme dans l'amianthe.

Les *serpentines*, les *diallages*, les *stéatites* et les *talcs*, sont encore des silicates où domine la magnésie; mais on y rencontre aussi *de l'eau* à l'état de combinaison, et dont la présence démontre que ces éléments du globe n'ont pu être produits à une température élevée.

Les roches composées de différents éléments minéralogiques associés entre eux jouent un rôle considérable dans les terrains des principales chaines de montagnes.

Les PEGMATITES sont essentiellement formées de quartz

et de feldspath. C'est cette roche qui donne le kaolin par sa décomposition. On la trouve, en France, dans les environs de Limoges, et à Itsatso, près Bayonne, où les kaolins sont exploités pour faire de la porcelaine et des poteries d'un ordre moins élevé.

Les GRANITES à structure granulaire, comme leur nom l'indique, renferment les mêmes éléments que les pegmatites; mais on y trouve, en outre, du mica, qui en est une partie essentielle.

Toutefois, quand on observe des roches sur une grande étendue, il n'est pas rare d'en voir changer les éléments sans qu'il soit possible de leur assigner une formation différente; c'est ainsi que l'on peut voir successivement le mica ou le quartz disparaître du granit.

Dans les SYÉNITES, l'amphibole tient lieu du mica que l'on rencontre dans les granites.

Les GNEISS sont essentiellement formés de feldspath et de mica en lames sensiblement parallèles, quoique peu étendues, qui leur donne une structure feuilletée.

Cette roche est souvent stratifiée. On l'observe à Pénestin, à l'embouchure de la Vilaine, sur la côte de l'Océan. Là, ses strates sont soulevées en certains points et affaissées dans d'autres, ce qui leur donne l'aspect de guirlandes.

Cette roche contient quelquefois accidentellement des pyrites. Comme cette espèce minérale est décomposable à une température peu élevée, elle indique que le gneiss n'a pu être produit dans ces circonstances. Évidemment, il est dû à un détritus feldspathique qui, transporté par les eaux, s'est déposé en strates, et dans lequel s'est ultérieurement infiltré du mica.

Les *micaschistes* sont formés de fragments de quartzite, dans lequel se sont interposées de grandes lames de diverses espèces de micas.

Cette roche, dont je vous ai déjà entretenus, est certainement postérieure à la formation du quartz. Je veux dire par ces paroles que le quartz et le mica qui la forment ne se sont pas produits en même temps.

Le quartz, brisé probablement par étonnement, est resté en place ou n'a pas été transporté loin du lieu où cet accident est arrivé, puisque les morceaux qui le forment ont, en général, leurs cassures nettes, et ne présentent aucune trace de roulement, et ne sont même pas ébréchés. Le mica s'y est introduit ensuite.

On trouve accidentellement dans cette roche des pyrites, comme dans les gneiss; mais on y rencontre aussi du *graphite*.

Le graphite est du *carbone* quelquefois presque pur, comme celui du Cumberland, qui servait pour faire les crayons anglais au commencement du siècle actuel. D'autres fois, il est intimement mêlé avec de la silice, du fer sulfuré ou des matières argileuses, comme je m'en suis assuré par l'analyse.

Le graphite est-il du carbone primitif, ou bien est-il dû à la destruction de matières organiques?

La solution de cette question offrirait un grand intérêt pour l'histoire du globe terrestre et pour la fixation de l'époque à laquelle la vie est apparue à sa surface.

Considérons que les éléments chimiques qui forment la matière organique proprement dite sont l'hydrogène, l'oxygène, l'azote et le carbone. Les trois premiers éléments se trouvent en abondance dans l'air et dans l'eau. Le carbone n'est contenu dans l'air qu'en quantité relativement faible, et à l'état d'acide carbonique. Mais cet acide, ce gaz qui fait partie de l'air, est évidemment le produit de la combustion du carbone dans l'oxygène : ces éléments ayant dû se former à part.

Or, dans la nature minérale, on rencontre le carbone sous trois formes principales : le diamant, le graphite et l'anthracite. Les autres matières carbonifères, telles que la houille, les lignites et la tourbe, sont des produits fossiles, et, par conséquent, des produits d'origine organique (1).

Nous n'avons aucune espèce de renseignement certain sur l'origine du diamant. On ne l'a même jusqu'à ce jour rencontré que dans des terrains meubles, qui, il est vrai, sont d'origine très ancienne. On a bien dit l'avoir trouvé en *place*, au Brésil, dans les environs de la Canga de Riberao das datas, de Tijuco et de la Serra de Gramma-

(1) Je possède des échantillons de houille que j'ai recueillis moi-même à la fin de l'année 1839, à Bertholène, dans le département de l'Aveyron. Cette houille est formée de fibres parallèles qui ne laissent aucun doute sur son origine : elle a été évidemment produite par la destruction de certains végétaux, probablement de la classe des cryptogames vasculaires, peut-être même par des plantes endogènes ou monocotylédonées.

goa; mais c'est dans une roche *arénacée,* qui porte le nom d'*Itacolumite* ou de grès flexible. Cette roche n'est que du sable faiblement aggloméré, et peut parfaitement représenter un terrain de transport, comme tous les sables que nous connaissons.

Le diamant est tellement rare à la surface du globe, qu'il ne serait peut-être pas très rationnel de le considérer comme l'origine du carbone qui se trouve dans l'atmosphère à l'état d'acide carbonique, et qui, par suite, représente un des éléments des êtres vivants.

Le graphite a un aspect tout spécial, et sa structure est plutôt feuilletée qu'autrement. On en a trouvé sous des formes confuses qui rappellent celle du rhomboèdre; mais, selon Beudant, on aurait confondu ce produit avec le sulfure de molybdène, qui y ressemble beaucoup, comme vous pouvez vous en assurer en comparant les échantillons que je mets sous vos yeux.

Le diamant chauffé se transforme en une matière analogue au graphite.

Dans les hauts-fourneaux et dans les usines à gaz, il se produit un charbon qui a souvent l'aspect métallique du graphite, mais qui s'en distingue par une plus grande dureté. Sa formation est due à la destruction des carbures d'hydrogène par une température élevée; d'où il résulte que le graphite a pu être produit sous l'influence de la chaleur; mais rien ne nous dit si c'est du carbone primitif ou du carbone provenant de la destruction d'une matière organique.

Quant à l'*anthracite,* les cendres qu'elle donne, sa situation dans le voisinage de roches ignées, semblent bien indiquer qu'elle est comparable à la houille, mais qu'elle a subi l'action d'une température qui en a chassé les produits volatils.

Il reste donc encore bien des recherches à faire, bien des travaux à entreprendre, avant que nous puissions connaître le carbone à l'état primitif sur le globe que nous habitons.

Les terrains volcaniques sont nettement caractérisés par leur forme générale, leur structure et la nature des roches qui les constituent.

Il sont représentés par des masses conoïdales, fermées ou ouvertes à leur partie supérieure. Dans le premier cas, elles ont certainement été formées par un simple soulèvement des couches corticales du globe; dans le second, cette couche a été percée, et a donné issue à des coulées de laves qui se sont répandues au loin, et qui ont formé sur place un cratère ou une espèce de cavité que l'on observe dans les volcans qui appartiennent à cette dernière espèce. Ces deux sortes de volcans existent dans la France centrale, en Auvergne, et donnent un aspect tout spécial à ce pays. Il faut monter sur le Puy-de-Dôme pour en avoir une idée. De là, on domine toutes les montagnes des environs; elles ressemblent, jusqu'à un certain point, à des flots, et l'on voit qu'elles vont en diminuant de hauteur et de dimensions horizontales à mesure qu'elles s'éloignent du centre d'action.

Les coulées des laves donnent naissance à une espèce de stratification fort différente de celle qui prend naissance dans les eaux. Là, les couches sont naturellement inclinées, puisqu'elles doivent leur formation à un écoulement dû à l'action de la pesanteur, tandis que les strates formées sous l'eau, soit par le dépôt de matières pulviculaires, soit par des dépouilles d'êtres vivants, doivent être horizontales. D'une autre part, les laves sont généralement spumeuses ou pénétrées d'une foule de vacuoles, qui leur donnent l'aspect d'une écume produite par intumescence, ou de scories analogues à celles des forges et des fourneaux de l'industrie métallurgique. Telles sont les laves proprement dites et la *ponce* des îles Lipari, qui est employée pour les métaux, comme le papier verré l'est pour le bois.

La porosité des laves est évidemment due à un fluide élastique qui s'est développé pendant qu'elles étaient en fusion pâteuse. Mais quelle peut être la nature de ce fluide? Il importerait de la rechercher pour avoir un renseignement sur la formation de ces produits. On trouve de l'acide chlorhydrique dans la ponce; il est possible qu'il soit dû à la décomposition du sel marin en présence de la vapeur d'eau et de l'acide silicique, et par suite à une infiltration d'eau salée dans les produits soumis à la fusion.

Il est encore possible que, pour d'autres laves, les gaz soient dus à l'intervention de bases calcoïdes ou sidéroïdiques dans du feldspath en fusion. Il y a quelques années qu'en fondant du feldspath avec un équivalent d'oxyde de plomb, il s'est dégagé un gaz en très grande abondance qui a produit une intumescence considérable, et l'on peut se demander si quelque phénomène de cet ordre n'a pas eu lieu dans la production des laves spumeuses, qui paraissent être effectivement un mélange de roches feldspathiques et de roches amphiboliques.

Les roches basaltiques, que l'on trouve en colonnes polygonales éminemment remarquables, doivent cette forme au retrait qu'elles ont pris pendant le refroidissement des masses minérales en fusion qui leur ont donné naissance.

Cependant on observe, dans les terrains volcaniques, des masses homogènes et compactes, telle que l'*obsidienne,* ce verre noir qui polarise si bien la lumière par réflexion, que l'on trouve en Islande, et dont vous avez un magnifique échantillon sous les yeux. On la rencontre aussi dans les îles de l'Archipel grec, où, selon Théophraste, on l'employait dans les temps anciens pour faire des miroirs après l'avoir taillée et polie.

On trouve aussi très souvent dans les terrains volcaniques une espèce minérale nommée *pyroxène.* Cette substance a exactement la même composition que l'amphibole, se rapporte au même système cristallographique, et ne s'en distingue que par des différences secondaires offertes par ses formes cristallines; elle n'est probablement rien autre chose que ce dernier produit fondu par une température élevée.

Les scories, ou plutôt les laitiers des hauts-fourneaux dans lesquels on prépare la fonte de fer, cristallisent quelquefois avec la forme du pyroxène, et en ont la composition. L'origine ignée de ce produit ne peut être douteuse, et il doit en être de même du pyroxène naturel, quoiqu'on en ait dit. Voici un très bel échantillon de pyroxène artificiel que je mets sous vos yeux, et qui confirme la proposition que je viens d'avancer.

Il est, dans les environs des volcans, des roches plus compactes, qui n'ont rien de scoriacé ni de spumeux, et qui, par leur structure, donnent les signes évidents de produits qui ont été soumis à une température élevée. Telles sont celles dans lesquelles domine le *pétrosilex*, qui a l'aspect réel du feldspath fondu, et qui est la base des *porphyres;* telles sont aussi celles qui contiennent le *pyroxène*, ainsi que cela vient de vous être exposé.

Les volcans en activité nous donnent la preuve certaine qu'ils sont produits par le feu. Il ne peut même y avoir le moindre doute à cet égard, alors qu'ils sont éteints depuis une époque qui remonte au-delà des limites de l'histoire; tel est le cas des volcans de l'Auvergne. A ces caractères, on reconnaît même des volcans à la surface de la lune : leur forme nous en révèle la nature et l'origine d'une manière indubitable.

Vous voudrez bien remarquer qu'aucune des roches volcaniques n'existe dans les terrains massifs qui forment les plus hautes montagnes, et qu'aucun indice certain ne nous autorise à admettre qu'elles aient été produites par le feu. Il n'y a là ni roches spumeuses, ni scories, ni cendres, ni pyroxène proprement dit, ni feldspath qui présente le caractère de la fusion.

Le troisième ordre d'accidents observés à la surface du globe, sur lequel j'appellerai votre attention, comprend les FILONS.

Dans plusieurs endroits, qui sont d'autant plus fréquents que les terrains sont plus anciens, la croûte terrestre est fracturée ; elle présente des failles béantes qui sont remplies de diverses matières, le plus souvent complètement étrangères aux terrains dans lesquels on les trouve.

C'est dans les filons que l'on rencontre la plupart des produits métalliques. Ces produits sont généralement associés avec des matières de remplissage qui en forment ce que l'on nomme la *gangue*.

Ces matières sont principalement le quartz, la fluorite ou fluorure de calcium, la chaux carbonatée et le sulfate de baryte.

Les métaux se trouvent rarement à l'état natif dans les filons; cependant on connaît des petits filons d'or. L'argent n'est pas rare dans les mines, qui le contiennent sous une autre forme. Le cuivre métallique s'y rencontre aussi, associé avec le quartz, comme dans les mines de Coro-Coro, de l'Amérique du Sud : cuivre dont je vous présente de magnifiques échantillons dans tous les états, depuis celui de la mine jusqu'au produit commercial; échantillons que je dois à la générosité de M. Hertzog, de Bordeaux. Toutefois, quoique je sache que ce cuivre est exploité par des excavations souterraines, je ne puis affirmer qu'il soit en filon; il pourrait bien être en amas. On trouve aussi, sur les bords de l'Ohio, dans l'Amérique septentrionale, du cuivre natif qui paraît avoir été fondu.

En tenant compte des densités et des réactions chimiques successives qui ont pu se produire, telles que la combustion qui a fait naître des oxydes en brûlant des métaux; des sels, en brûlant des composés binaires ou ternaires contenant des métaux et des métalloïdes ou des métaux acidifiables, de l'hydratation, de la carbonatation, qui n'eût pu se produire ni exister à une température élevée, si l'on n'en excepte le cas auquel on rapporte le marbre saccharoïde, on établit les relations suivantes entre les produits métallifères des filons :

Dans la partie la plus profonde, on aurait les sulfo-antimoniures d'argent, de cuivre, de fer, de nickel et de cobalt.

Viendraient ensuite, et souvent mêlés avec eux, les sulfarséniures de cuivre, de fer, de cobalt et de nickel.

Les sulfures seraient les composés les plus nombreux. Le soufre s'y trouve combiné avec l'arsenic, l'antimoine, le bismuth. Avec le fer, il forme plusieurs composés remarquables : la pyrite proprement dite, le sesqui-sulfure, très commun dans le nord de l'Espagne, et la pyrite magnétique. On trouve aussi le soufre combiné avec le cobalt et le nickel; avec le zinc, dans la blende; avec le plomb, dans la galène; avec le mercure, dans le cinabre, et avec l'argent et le cuivre.

Les principaux oxydes sont fournis par le fer, qui donne l'oligiste $Fe_2\ O_3$, si abondant dans l'île d'Elbe, où il forme des mines qui, d'après les travaux que l'on y observe, seraient exploitées depuis plusieurs milliers d'années; l'oxyde magnétique $Fe_3\ O_4$, qui peut être l'aimant lui-même, que l'on observe principalement en Piémont et en Suède.

Mais bien d'autres produits oxydés ont pris naissance par l'oxydation directe, et l'on en a la preuve, même sur de simples échantillons, où l'on voit le sulfure d'antimoine passer au kermès, qui est un oxysulfure hydraté; à l'exytèle, qui est l'acide antimonieux $Sb_2 O_3$; sur la blende, qui passe à la calamine; le plomb sulfuré, qui se transforme directement en sulfate ou en carbonate par l'action combinée de l'eau, de l'oxygène et de l'acide carbonique.

Les filons métalliques sont, en général, oxydés à leur surface.

Le manganèse et le fer se trouvent à l'état hydraté; mais il n'y a guère que la goethite $Fe_2 O_3,HO$ qui soit en filons, ainsi que je l'ai observé dans le département de la Corrèze; la limonite $Fe_2 O_3,3HO$, plus ou moins mélangée, se trouvant le plus souvent en amas.

On observe encore, comme conséquence de ce qui vient d'être dit, des carbonates de fer, de manganèse, de zinc, de plomb, de cuivre.

Déjà, nous nous sommes occupés de la formation de la plupart de ces corps, et nous avons vu que ce sont les produits d'une altération secondaire, qui s'est en général accomplie d'une manière fort lente.

Les chloroïdes donnent aussi lieu à des espèces que l'on trouve dans des filons; mais ces espèces n'ont, en général, qu'une importance relativement minime auprès de celles qui viennent d'être signalées à votre attention.

On trouve le chlore uni à l'argent, au mercure, au plomb, métaux avec lesquels il forme des composés insolubles ou peu solubles dans l'eau.

On connaît en Espagne, dans les environs de Guadalaxara, un brômure d'argent qui donne lieu à une exploitation productive. Il y a aussi l'iodargyre dont le nom indique la composition.

La répartition qui vient d'être faite des produits des filons, selon leur densité et leur plus ou moins d'altérabilité par les éléments atmosphériques et l'eau, est réalisée dans la nature, et donnerait lieu de supposer qu'il s'est fait une espèce de liquation dans les filons et que les réactions se sont accomplies ensuite.

En Espagne, j'ai trouvé des masses pyriteuses transformées en fer hydroxydé à la partie supérieure, et l'on m'a affirmé qu'elles se continuaient en donnant de la pyrite cuivreuse. En Toscane, on trouve cette dernière au dessus de la philipsite, qui renferme les mêmes éléments, mais qui contient le cuivre en plus grande quantité et qui est plus dense.

Les géologues admettent généralement que les failles des filons communiquent ou ont communiqué avec les parties liquides du globe ; la grande coupe géologique de Noggerarth et Burkart que vous avez sous les yeux représente cette disposition d'une manière fort évidente (1).

Cependant tous les géologues ne sont point satisfaits de cette théorie. M. Élie de Beaumont, en particulier, a émis l'opinion, appuyée sur de nombreux documents, que les produits de remplissage de filons ont été déposés lentement par des eaux minérales.

Il résulte de l'examen auquel nous venons de nous

(1) *La structure de l'écorce du globe graphiquement représentée, selon l'état actuel de la géologie.* Sans date (environ 1845).

livrer, que les géologues ne sont point d'accord lorsqu'il s'agit d'expliquer l'origine et la formation d'une partie considérable des terrains qui composent la croûte terrestre.

Les produits qui forment la masse centrale des montagnes les plus élevées, les volcans et les filons, passent tous pour être en communication directe avec ceux qui seraient en fusion au centre du globe, et ces produits sont essentiellement différents, tant au point de vue de leur nature chimique qu'à celui de leur mode de formation.

Les *terrains massifs* ou *anciens*, que l'on nomme aussi *terrains ignés*, diffèrent essentiellement des terrains volcaniques, dont l'origine ne peut être douteuse.

Il faut donc reconnaître que si l'on peut s'occuper de l'origine du globe à un certain point de vue, que si on peut l'assimiler aux éléments des astres qui nous paraissent en voie de formation dans l'espace, il se présente de grandes difficultés lorsqu'il s'agit de pénétrer dans les détails, lorsqu'il faut établir l'harmonie, la connexité et l'ordre de succession des faits observés.

Toutefois, Messieurs, s'il reste encore des travaux à entreprendre et de grandes difficultés à surmonter, nous ne devons pas moins reconnaître que la science du globe terrestre a marché à pas de géants, et que d'immenses progrès ont été réalisés.

Je terminerai cette exposition, déjà trop longue, par l'indication d'un fait singulier, considérable, que je ne puis passer sous silence, tant il est inattendu et donne lieu de réfléchir.

Il y a plus de vingt ans que j'eus l'occasion de chauffer du talc que j'avais gratté sur la tranche d'un échantillon. Je m'aperçus qu'il donnait une odeur de corne grillée. Une nouvelle expérience, faite en chauffant la poudre de ce talc avec de la potasse caustique, donna de l'ammoniaque. Ces caractères sont ceux d'une substance d'origine animale. Ce fait singulier ne m'était pas sorti de la mémoire, lorsqu'il y a quelques années, un jeune homme de Bordeaux, dont la vie fut si malheureusement tranchée dans un duel, m'apporta un fragment de micaschiste pour y rechercher la présence du mercure.

Cette roche, plus ancienne que le talc, donna exactement les mêmes résultats : odeur de corne grillée d'abord, puis formation de l'ammoniaque.

Que penser de ces observations? La vie a-t-elle donc existé sur le globe avant l'époque primitive? Et ces produits inattendus ne nous révèlent-ils pas la présence d'êtres vivants du règne animal, qui ont été détruits antérieurement à l'existence des terrains primitifs, êtres qui seraient disparus à la suite d'une immense catastrophe, et dont les traces nous seraient révélées par les faits qui viennent de vous être signalés?

Je vous demanderai la permission de me résumer, et de rappeler aussi brièvement que possible les principales observations que j'ai eu l'honneur de vous exposer.

Afin de les rendre comparables, elles ont été disposées dans le tableau que je mets sous vos yeux.

Les six formations successives y sont établies parallèlement.

Dans chacune d'elles, on trouve séparément les êtres matériels ou corporels, les mouvements qu'ils exécutent et les phénomènes qui s'y rapportent.

PREMIÈRE FORMATION.

ÉTAT ATOMIQUE. — PÉRIODE ÉTHÉRÉE.

Espace infini.
Atomes finis, indestructibles, semblables les uns aux autres.
Attractifs.
Mobiles.
Mouvement de rotation.
Mouvement de translation.

Inhérence du mouvement et de la force attractive à la matière.

Pas de chaleur, pas de lumière.
Électricité atomique.

La nature ne nous a donné aucun sens qui puisse nous mettre en rapport immédiat et direct avec cet état de la matière. Ce n'est que par notre raison et notre intelligence que nous pouvons en avoir la notion; aussi est-il tout à fait hypothétique et appartient-il entièrement à l'ordre cryptologique.

DEUXIÈME FORMATION.

ÉLÉMENTS CHIMIQUES. — ÉTAT GAZEUX.

Attraction des atomes. — Leur répulsion.

Symétrisation des axes.

Formation de systèmes binaires, comparables aux systèmes planétaires.

Union des systèmes binaires entre eux.

Production des éléments chimiques.

Lois de symétrie qui ont présidé à leur formation.

Groupes numériques définis 4, 6, 8, 12, et leurs combinaisons.

Formation successive des éléments selon l'accroissement du nombre de leurs parties et de leur poids.

Éléments constitutifs de l'azote dans le rapport de 3 : 4.

Formation de H, — O, — A, — C.

Phénomènes inconnus.

Production de la vapeur d'eau.

Travail de H et de O. — Lumière.

Travail de H O. — Chaleur.

Lumière et chaleur par combinaison et perte du mouvement.

Apparition des fluides élastiques.

Masse prenant une forme déterminée, sphéroïdale, et ayant un mouvement de rotation sur son axe.

TROISIÈME FORMATION.

ÉTAT PULVICULAIRE.

Éléments chimiques de plus en plus fixes et de plus en plus condensés.

Quatre classes reproduisant les principales propriétés des types de l'époque précédente.

Centralisation de la pulvicule.— Accélération du mouvement de rotation.

Réactions chimiques.

Lumière excessivement accrue par la présence des corps solides.

Chaleur.

Étude comparative des nébuleuses.

A. Nébuleuses informes. — B. Nébuleuses en amas sphéroïdaux. — C. Nébuleuses fusiformes. — D. Nébuleuses en spirales. — E. Nébuleuses coniques. — F. Nébuleuses annulaires. — G. Nébuleuses à deux centres.

Comètes.

Astéroïdes.

QUATRIÈME FORMATION.

ÉTAT LIQUIDE — ATMOSPHÈRE.

Centralisation de la masse.

Nouveaux éléments chimiques par modification des circonstances et par l'augmentation de la pression.

Départ des éléments. — Mouvement rotatoire de la masse et de ses parties.

Séparation de l'atmosphère.

Les éléments chimiques se sont formés dans l'ordre des équivalents, en allant du plus faible au plus fort.

L'ordre des densités est le même que celui des équivalents.

Les éléments d'une même série sont d'autant plus volatils que leurs équivalents sont moins élevés.

A mesure que les équivalents s'accroissent, on voit apparaître l'éclat métallique, même chez les métalloïdes.

Les équivalents les plus faibles appartiennent donc aux éléments les plus anciens, et les plus élevés aux plus modernes.

Continuation de la formatien des quatre classes d'éléments chimiques.

Lumière et chaleur vives.

État comparable à celui du soleil.

Effet de la vitesse tangentielle : renflement de l'équateur, aplatissement des pôles.

Marées.

L'atmosphère contient, comme à l'époque actuelle, de l'oxygène, de l'azote, de la vapeur d'eau et de l'acide carbonique; mais de plus de l'acide sulfureux, de l'acide arsénieux, du mercure.

Combustion de la surface de la terre : formation de la potasse, de la magnésie, de la chaux, de l'alumine, de la silice, duruthile, de la stannine.

CINQUIÈME FORMATION.

SOLIDIFICATION. — FORMATION DE LA CROUTE DU GLOBE TERRESTRE.

Formation et séparation des produits à mesure qu'ils se forment.

Solidification par perte du mouvement représentant une perte de chaleur et de lumière.

Production de l'électricité thermique par la réaction de la chaleur centrale sur les parties solides hétérogènes.

Magnétisme terrestre.

Quatre ordres de produits anorganiques : 1° éléments chimiques, 2° composés binaires, 3° composés salins, 4° composés formés de sels combinés entre eux.

Réaction entre la vapeur de l'eau et les chlorures volatils : nouvelle formation de l'oligiste, du ruthile, de la stannine et du quartz.

Formation des silicates : feldspaths, micas, grenats, tourmalines, etc.

L'épaisseur présumable de la couche solide du globe est entre 1/98e et 1/64e du rayon terrestre.

Rupture de la croûte solide par les marées.

Théorie de la formation des montagnes.

Preuves géométriques.

SIXIÈME FORMATION.

CONDENSATION DE L'EAU.

Actions mécaniques.

Étonnement des roches par l'eau liquide.

Soulèvement, projection des roches par la vapeur d'eau.

Geysers de l'Islande.

Actions chimiques.

Hydratation de la chaux. — Action de la vapeur d'eau sur le fer qui donne l'*aimant.*

Composés hydratés : talc, serpentine, limonite, gypse.

Actions physiques.

Développement de l'électricité statique par l'évaporation de l'eau. — Foudre.

Carbonates. — Calcaires. — Giobertite. — Dolomie. — Sidérose. — Azurite. — Malachite.

Formation des schistes.

Montagnes.

Filons.

Volcans.

CONCLUSIONS.

En parlant d'éléments très simples : l'espace, les atomes, l'attractivité, le mouvement, il nous a été possible de constituer le monde tel qu'il est, ou plutôt tel que nous le connaissons.

Tous les êtres, tous les phénomènes, toutes les lois physiques peuvent découler, comme des conséquences inévitables, de la simple hypothèse qui a été faite.

Les atomes, en se réunissant, produisent des groupes spéciaux de plus en plus compliqués qui s'élèvent de cet être primitif et purement rationnel jusqu'à la terre, qui se meut dans l'espace, jusqu'aux astres les plus reculés, et dont l'existence nous est révélée par le télescope.

Tous les phénomènes sont dus à des mouvements, et à chaque ordre de formation, de combinaison ou de corpuscule ou de corps qui prend naissance, il apparaît un nouvel ordre de phénomènes, comme une condition nécessaire de la spécialité du mouvement produit.

Les mouvements des mérons se traduisent à nous par l'électricité dynamique ou chimique, et la lumière.

Le mouvement des molécules donne l'électricité thermique et la chaleur.

Le mouvement des particules donne l'électricité statique ou mécanique, et les vibrations que produisent les phénomènes acoustiques, lorsque la densité ou la masse intervient.

C'est au partage de ces trois mouvements : lumière, chaleur, vibrations particulaires, que sont dues les trois électricités : chimique, thermique et mécanique.

C'est à la réunion des mouvements complémentaires de ces espèces d'électricités que sont dues la lumière, la chaleur, les vibrations sonores.

La foudre est principalement due à l'analyse du mouvement *calorique* qui a lieu pendant l'évaporation de l'eau des mers.

Le magnétisme terrestre est sans doute produit par la chaleur centrale de la terre, qui est analysée en traversant sa partie corticale, et transformée en électricité thermique.

Les mouvements de rotation et de translation de la terre ne sont que la conséquence immédiate du mouvement inhérent aux parties élémentaires qui la constituent.

La courbe elliptique qu'elle décrit est la résultante de deux actions : le mouvement de translation et l'action centrale du soleil, ainsi que tous les astronomes l'admettent.

Si, après cet examen rétrospectif, il nous est permis de jeter un regard sur l'avenir, à moins de catastrophes que nous ne pouvons prévoir, nous pouvons admettre que tous ces phénomènes, auxquels notre existence est intimement liée, iront en s'affaiblissant : l'ardeur du soleil diminuera, la terre se refroidira, la zône habitée se rétrécira en se rapprochant de l'équateur, la loi de Malthus s'appliquera impitoyablement, l'eau se congèlera, et la vie aura cessé d'exister à la surface de la terre.

Mais n'ayons aucune crainte; ce n'est que dans des millions d'années que cette triste fin pourra se réaliser.

Si, en attendant cette terminaison fatale, l'homme, instruit par la diffusion des lumières, perfectionnait ses mœurs comme il a perfectionné les sciences. Si ceux qui sont chargés de ses intérêts, mus par le seul esprit de vérité et de justice, reconnaissaient la vanité d'une prétendue gloire qui n'a plus de nom et que l'histoire flétrira désormais comme indigne du siècle de lumières où nous vivons; si ceux-là, dis-je, brisant avec la tradition d'un passé de ténèbres et de barbarie, assuraient les pas de l'humanité dans la voie du progrès intellectuel et moral, rien n'égalerait la véritable gloire qui rejaillirait sur eux, et nous jouirions de la félicité qui nous a été préparée par les travaux incessants de ces hommes de bien, qui ont accepté comme un devoir sacré la mission d'entretenir le divin flambeau de la science et de la raison, et nous pourrions attendre avec calme la destinée qui nous est réservée.

NOTES.

I

Page 33, j'ai dit que le premier verset de la Bible : *Au commencement Dieu créa le ciel et la terre,* n'était pas tout à fait conforme au texte hébreu.

Dans le texte, il n'y a pas *Dieu,* mais *les Dieux.* Il est vrai que *Bara* est au singulier, et qu'on pourrait lire : *les Dieux créa.*

Le mot *Aléim* ou *Éloïm,* comme on voudra le lire, cela importe peu, est évidemment composé. En l'analysant, on y trouve la particule augmentative *al* ou *el,* qui est restée intacte dans la langue arabe, et qui a même passé dans la langue grecque sous la forme εὐ, de la lettre *é* et même de la lettre *i,* qui représentent l'*être,* et de la terminaison *im* qui indique le pluriel : *al é im* doit donc être compris et traduit : *les êtres supérieurs.*

Dans une foule de passages de la Bible, on lit : *Jéhova aléim,* où ce dernier mot est employé comme qualificatif, ou au moins comme explicatif; termes, enfin, que nous devrions traduire : *l'éternel* représenté par *les êtres supérieurs.*

Il découle de cette observation, qu'à une époque très antérieure à Moïse, les Juifs ont été polythéistes, et que, devenus monothéistes, ils ont conservé un terme pluriel se rapportant à plusieurs êtres et s'en sont servi au singulier et pour en qualifier un seul.

D'une autre part, rien ne démontre que les auteurs de la

Genèse, Moïse si l'on veut, aient entendu par *Bara* que Dieu tira la matière du néant et la créa de rien.

Ne refusant à Dieu aucune puissance, ni aucune des qualités élevées qu'on lui attribue, on peut admettre qu'il a réellement créé la matière ; mais rien ne prouve que ce soit le sens qu'il faille donner au mot *Bara*, ni que telle ait été l'intention de l'auteur de la Genèse.

Les mots célèbres *Téou, béou*, du deuxième verset, qui ont été commentés de tant de manières différentes, qui sont *devenus* vulgaires dans notre langue, en prenant la forme *Tohu bohu* et l'acception d'un mélange informe, semblent le démontrer.

Ce verset pourrait donc être traduit : *Les éléments constitutifs de la terre étaient mélangés, et elle n'était qu'une masse vaporeuse suspendue dans l'abîme.*

Cette traduction serait tout à fait conforme à la théorie développée dans cet opuscule.

II

Il n'est pas indispensable d'admettre que les atomes possédaient un mouvement rotatoire dès leur origine. On a vu que le seul mouvement de translation se transforme très facilement en mouvement rotatoire et en mouvement vibratoire. Aussi n'avais-je point admis l'existence primitive de ce mouvement dans l'essai de géogénie que j'ai publié en 1834.

Cependant, il est probable que les mérons exécutent un mouvement rotatoire très rapide, et que ce mouvement, indépendamment de sa spécialité, produit des effets comparables à ceux du gyroscope : le mouvement rotatoire devient une force d'un ordre spécial qui s'exerce dans la direction de l'axe de rotation du système mobile.

Une molécule qui ne tournerait point sur elle-même pourrait présenter un mouvement giratoire apparent, parce que ses éléments constitutifs exécuteraient successivement, dans un même plan, un mouvement oscillatoire dans la direction de ses axes, ou des rayons allant de son centre d'activité aux mérons qui l'entourent. Ce mouvement giratoire apparent pourrait être droit ou gauche, selon que le mouvement se succéderait en allant de gauche à droite ou de droite à gauche.

III

Si l'on admet comme une chose éminemment probable que la partie centrale du globe terrestre est en fusion; si l'on considère, en outre, que les particules qui le forment se meuvent d'un mouvement qui leur est propre, et dont elles ont le principe en elles-mêmes, on est conduit à penser qu'elles devaient toutes être animées d'une égale vitesse à l'origine; mais qu'il peut n'en être plus ainsi par suite de la réunion de ces particules en un globe, et par suite aussi de la solidification de ce globe à sa surface. Cependant, l'unité d'origine des particules liquides permet de leur appliquer, les unes à l'égard des autres, le principe de l'égalité des aires, principe qui veut que les aires parcourues par un corpuscule soient égales, quelle que soit la distance de ce corpuscule au centre de rotation : il en résulte que la vitesse de chacun de ces corpuscules serait en raison inverse de son rayon vecteur, ou du rayon qui le relie immédiatement à son centre de rotation, de telle manière qu'elle se ralentirait quand la distance augmenterait, et deviendrait plus rapide quand les corpuscules seraient plus rapprochés du centre.

On voit facilement, par l'application de ce principe, que la partie liquide de l'intérieur du globe doit-être en mouvement et animée d'une vitesse qui s'accroît à mesure qu'elle se rapproche de son axe. La vitesse d'un point de la terre à l'équateur est de 463^{m} 56. Le rayon équatoriel est de 6,377,898^{m}. Le produit de ces deux quantités demeurant invariable, comme conséquence du principe énoncé, on peut en déduire facilement qu'à 1 million de mètres, ou à 1,000 kilomètres de la surface, la vitesse serait de........................... 549m

à 2,000 kilomètres elle serait			de.....	675
à 3,000	—	—	de.....	874
à 4,000	—	—	de.....	1,243
à 5,000	—	—	de.....	2,145

La vitesse va en croissant avec une grande rapidité, à tel point qu'à mille mètres, ou à un kilomètre de l'axe de la terre, elle serait de 2,956,155m, soit 6,377 fois plus grande que celle d'un point de l'équateur.

Le cercle d'un kilomètre de rayon ayant 6,283m de circonférence, en divisant 2,956,155 par ce nombre, on trouve 470 qui exprime le nombre de révolutions qu'une particule, située dans le plan de l'équateur, à 1,000 mètres de l'axe terrestre, exécute en une seconde.

On voit, par ces indications, qu'une suite de particules qui se seraient trouvées sur un même rayon au moment du départ, après un temps déterminé, formeraient une spirale d'un ordre particulier. Spirale que l'on observe dans certaines nébuleuses, ainsi que nous l'avons fait remarquer. (V. p. 11.)

Ces résultats ont été obtenus en admettant que les particules terrestres sont homogènes, d'égale densité, et ne sont en rien gênées dans leur mouvement; mais il n'en est point ainsi : il y a un frottement considérable, et la partie solide, qui doit présenter à l'intérieur au moins autant d'accidents dans sa forme que l'on en observe à sa surface, fait naître une multitude d'obstacles. En outre, les parties qui approchent de la périphérie sont plutôt pâteuses que fluides, et il résulte de toutes ces conditions une grande résistance, qui est une cause de retard ou de ralentissement du mouvement de rotation de la masse liquide, en même temps qu'elle fait naître un frottement considérable qui est une puissante source de chaleur. Car le mouvement de translation, par suite des résistances, se transforme en mouvement moléculaire ou en chaleur.

La présence de la chaleur, qui peut toujours être considérée comme une perte de mouvement, indique que le mouvement mécanique se ralentira, que cette source de chaleur diminuera, et que, finalement, la terre se refroidira.

La grande vitesse des parties centrales de la terre doit troubler l'équilibre qui a été supposé, et il est bien possible que l'ordre de superposition, qui a été indiqué précédemment, en soit fortement troublé.

On a quelquefois vu les meules de grès, dont se servent les couteliers, se briser violemment sous l'influence de la force centrifuge et de l'ébranlement produit par la pièce à repasser; et les morceaux de la meule sont projetés au loin. Cet accident n'a-t-il pu arriver à quelques astres après leur solidification, et par suite de fissures opérées par le retrait? Cette cause de destruction peut être jointe à toutes celles qui sont connues, comme l'élasticité des vapeurs et leur développement subit, le choc des astres, etc.

Les essaims d'aérolithes, et l'on peut dire aussi par analogie les essaims de planètes situées entre Mars et Jupiter, peuvent n'avoir pas d'autre origine.

La haute température du soleil doit être, en grande partie, maintenue par la cause qui vient d'être indiquée; cause qu'il faut joindre à celle qui se développe dans les réactions chimiques et à celle provenant des chutes d'asteroïdes.

Non seulement la partie liquide du globe terrestre tourne autour d'un axe et dans le même sens que le globe même, mais les plus petites parties qui le forment tournent aussi sur elles-mêmes et dans le même sens, et cela comme une des conditions de leur existence, et qui leur appartient dès l'origine la plus reculée du globe terrestre.

Ce mouvement se relie intimement avec le magnétisme terrestre, et il en est la cause première.

L'axe de rotation de la partie interne peut n'être pas le même que celui de rotation de la partie extérieure et apparente du globe terrestre.

Le globe se refroidissant plus aux pôles qu'à l'équateur, par suite d'un rayonnement en pure perte, il en résulte que le sphéroïde liquide est plus applati que la partie externe du sphéroïde solide. Et, soit par suite de l'attraction du soleil et de la lune, attraction qui s'exerce principalement dans le plan de l'écliptique, soit par suite de résistances internes, l'axe de rotation de la partie liquide peut n'être pas le même que celui de la rotation de la terre, et avoir des pôles particuliers. Ces pôles seraient les pôles magnétiques, et l'axe de rotation de la partie liquide éprouverait, en outre, un déplacement autour de l'axe polaire de la terre, et serait la cause de la variation de la déclinaison; cause qui donnerait l'explication de la belle observation de mon honorable collègue, M. Raulin, qui a démontré que l'axe magnétique de la terre se meut et décrit un double cône autour de l'axe de rotation de la terre dans une période de 600 ans.

Ampère s'est occupé de la théorie du magnétisme terrestre, et a admis qu'il pouvait être expliqué par des courants électriques parallèles à l'équateur magnétique, qui tourneraient autour des molécules. Je n'ai jamais pu comprendre ce que pouvait être un courant électrique tournant autour d'une molécule, et j'ai admis, pour en tenir lieu, le mouvement de rotation des corpuscules [1].

La question soulevée dans cette note conduit à une foule de déductions qui m'entraîneraient au-delà des limites dans les-

[1] Voir mon *Traité de Chimie*, t. I, p. 238 et p. 242 à 252; mais surtout p. 251 et 252 à 254.

quelles je désire me renfermer ; cependant, il en est deux que je désire soumettre à l'appréciation des personnes qui prendront la peine de la lire.

A. La force centrifuge développée par le mouvement de rotation des parties internes, en admettant qu'il suive la progression indiquée, deviendrait très considérable vers le centre du globe terrestre ; aussi les parties les plus denses pourraient-elles êtres projetées dans les moins denses qui les recouvrent, et finalement il pourrait s'établir un espèce d'équilibre entre le mouvement de projection et la densité.

B. Si l'on suit la progression du mouvement circulatoire des éléments qui se trouvent renfermés sous l'écorce terrestre, on voit que la vitesse s'accroît avec une rapidité extrême. On pourrait se fonder sur ce principe pour trouver la vitesse de rotation d'un corpuscule central, auquel on pourrait accorder un diamètre d'une fraction de millimètre.

Si à un kilomètre de l'axe de rotation de la terre la vitesse est de 2,956,155^{m}, à un mètre elle doit-être mille fois plus grande ; à un millimètre, un million de fois plus grande encore ; et à un millième de millimètre, ce qui est plus que le diamètre que l'on peut accorder aux molécules, la vitesse serait mille millions de fois plus grande encore : la vitesse étant exprimée en mètres, le pourtour d'une sphère d'un millième de millimètre de diamètre étant de 0^{m} 0000062S, en cherchant combien de fois ce nombre est contenu dans 1 mètre, on trouve pour quotient : 160 179. Il faut multiplier la vitesse obtenue, comme il a été dit, par ce nombre, pour avoir celui des tours exécutés en une seconde par un corpuscule d'un millième de millimètre de diamètre. On obtient ainsi un nombre effrayant, et qui doit cependant être voisin de la vérité.

Pour tout ce qui précède, il est bien entendu que je n'accepte pas d'autre responsabilité que celle d'avoir examiné une hypothèse.

IV

Dans les corps, on peut distinguer plusieurs espèces de mouvements vibratoires, selon les éléments auxquels on les rapporte.

Il y a : 1° le mouvement des mérons, qui produit l'électricité dynamique et la lumière ; 2° le mouvement des molécules, qui produit la chaleur, et 3° enfin, le mouvement des particules, qui produit le son.

Tous ces mouvements peuvent être transformés les uns dans les autres, et être concomittants; mais en les examinant séparément, on trouve que la vitesse de transmission de chacun d'eux doit avoir un certain rapport avec celle du mouvement de translation des corpuscules auxquels ils se rapportent.

La vitesse de la lumière est connue; elle est d'environ 298,000 kilomètres par seconde.

Celle des molécules ou du mouvement qui produit la chaleur est inconnue; mais elle doit être beaucoup plus faible. On pourrait théoriquement la trouver d'une manière approximative.

Enfin, la vitesse du son dans chaque milieu est connue et facile à déterminer.

V

Pour moi, une molécule de chlore, une molécule de brôme et une molécule d'iode à l'état de fluide élastique, soumises à la même pression et dans des conditions correspondantes pour la température, exécutent dans le même temps des vibrations dont les nombres sont entre eux dans des rapports simples ou harmoniques.

Pour moi encore, une molécule d'oxygène, une de soufre,

une de sélénium et une de tellure, sont aussi dans le même cas, lorsqu'elles sont dans un même état de combinaison.

Il en est encore de même pour l'Azote, le Phosphore, l'Arsenic, l'Antimoine, le Bismuth, les uns à l'égard des autres.

Pour le lithium, le potassium et l'ammonium; pour le calcium, le strontium, le baryum et le plomb, etc.

Un jour, on saura combiner ces notions avec les chaleurs spécifiques, la chaleur développée dans les combinaisons et la couleur propre des corps, et l'on trouvera qu'elles sont l'expression d'un fait général : les molécules de tous les corps simples ou composés, constitués de la même manière et placés dans des circonstances correspondantes, exécutent dans le même temps des vibrations dont les nombres sont en rapport simple.

Par circonstances correspondantes, j'entends celles dans lesquelles les corps sont également éloignés de leurs transformations ou changements d'état.

On trouvera encore dans cette hypothèse la cause qui fait que certains corps ne peuvent s'unir, ou se séparent dans des circonstances données, causes générales de la décomposition des corps, comme l'élévation de la température, par exemple.

Le mercure et l'oxygène peuvent s'unir entre certaines limites de température; au delà, le produit formé se décompose. L'argent s'oxyde à une température très élevée, et se désoxyde en se refroidissant. Le phosphore, le soufre, etc., s'unissent à l'oxygène à une température donnée. En général, toutes les réactions chimiques, combinaisons et décompositions, dépendent en partie de cette condition : *mouvement vibratoire, harmonie ou discordance des vibrations.*

Il y a plus de trente ans que j'ai eu cette pensée, et que je l'ai communiquée à F. Savart, lorsque tous deux nous habitions le collége de France.

Je crois devoir rapporter ici un extrait de notre conversation.

J'ai dit à ce Savant : Vous qui vous occupez tant de vibrations, vous n'avez peut-être jamais pensé que la chimie pût être assimilée à de la musique?...

Voilà une singulière idée.... Expliquez-moi cela.

Je lui dis alors : Je pense que les éléments des corps exécutent des vibrations; que ceux qui en exécutent un nombre égal dans le même temps ou des nombres harmoniques, sont ceux que l'on dit isomorphes; et j'ajoute encore que ceux dont les nombres de vibrations ne sont point en rapport simple, ne peuvent s'unir ensemble.

Voici la réponse de Savart : C'est une bonne idée que vous avez ; vous pourriez bien être dans le vrai.

Cette idée ne m'a jamais abandonné, et je pense toujours qu'elle est éminemment probable. Un jour, peut-être, on trouvera le moyen de la mettre en évidence.

VI

Si des mondes s'organisent dans l'espace; si, par suite des diverses formations, ils donnent finalement des astres refroidis et inertes; si cela peut avoir lieu dans une partie déterminée de l'espace, de manière à employer tous les atomes qui s'y trouvent réunis, il est évident que *les atomes auront épuisé leur mouvement ou leur force de production*. Si cela peut être pour un espace limité, cela pourrait avoir lieu successivement pour tous les points de l'espace; *alors la force productive serait complètement épuisée, et il n'y aurait plus dans l'univers que des astres inertes sans chaleur et sans lumière?* Mais que seraient devenues les forces primitives des atomes? Que serait devenu le mouvement? Que seraient devenues la chaleur et la lumière?

La raison semble nous dire que le mouvement serait partout réparti également; mais alors chaque corps retournerait à son état primitif, et l'ordre des phénomènes pourrait se reproduire.

Si je n'avais eu l'intention de ne m'occuper que de la terre, il manquerait à cette cosmogénie un lien, une explication qui fissent voir comment ces mouvements reçus par d'autres astres pourraient les faire retourner à l'état primitif, par une dissociation qui permette de nouvelles combinaisons. De même que nous voyons les animaux détruire les produits formés par les végétaux, et les faire retourner à leur origine, en les réduisant en eau, en acide carbonique et en produits azotés.

Une espèce de rotation qui ferait retourner les corps à leur origine doit paraître rationnelle. — *Sans cela le mouvement corpusculaire serait anéanti, les phénomènes le seraient également, et il ne resterait qu'une matière froide et inerte à cela près du mouvement des masses et de l'attractivité.*

Il est éminemment probable, en effet, qu'un excès de température ferait retourner les produits à l'état primitif, en détruisant les composés formés.

Bordeaux. — Imp. G. Gounouilhou, rue Guiraude, 11.

www.ingramcontent.com/pod-product-compliance
Ingram Content Group UK Ltd.
Pitfield, Milton Keynes, MK11 3LW, UK
UKHW021151260726
13994UKWH00001B/400

9 782329 428154